女人幸福

自我经营

张乐乐◎著

朝華出版社

图书在版编目(CIP)数据

女人幸福 自我经营 / 张乐乐著. —北京：朝华出版社，2012.9
ISBN 978-7-5054-3285-7

Ⅰ. ①女… Ⅱ. ①张… Ⅲ. ①女性-修养-通俗读物
Ⅳ. ①B825-49

中国版本图书馆 CIP 数据核字(2012)第 225421 号

女人幸福 自我经营

作　　者 张乐乐

选题策划 马　峰
责任编辑 张　冉
特约编辑 赵　倩
责任印制 张文东
封面设计 天下书装

出版发行 朝华出版社
社　　址 北京市西城区百万庄大街 24 号　　**邮政编码** 100037
订购电话 (010)68413840 68996050
传　　真 (010)88415258(发行部)
联系版权 j-yn@163.com
网　　址 www.blossompress.com.cn
印　　刷 北京柯蓝博泰印务有限公司
经　　销 全国新华书店
开　　本 710mm×1000mm 1/16　　**字　　数** 171 千字
印　　张 15.5
版　　次 2012 年 11 月第 1 版 2012 年 11 月第 1 次印刷
装　　别 平
书　　号 ISBN 978-7-5054-3285-7
定　　价 28.80 元

前 言

女人,你心目中的幸福是什么?

也许是每天都有好心情。

也许是和家人共享天伦之乐。

也许是两个人相亲相爱相守到老。

也许是健健康康、快快乐乐地活着。

也许是努力工作时,领导那一句淡淡的夸奖。

也许是为了心中的理想而努力奋斗的过程。

也许是志同道合的朋友欢聚一堂,一起畅谈人生的神采风扬……

你觉得自己幸福吗?

你是否畅想过未来过着什么样的生活?

你觉得自己拥有了什么才能够获得幸福?

你是否曾经迷惘过,是否问过自己究竟想成为什么样的女人……

幸福就像一个美丽的憧憬,引得无数女人去追逐去幻想。有时女人是情绪化的代名词,愤怒、抱怨、悲伤,经常会在女人的脸上演绎。甚至有人说,女人翻脸比翻书都快。一个幸福的女人一定是能控制情绪的女人,好似一杯静等品尝的清茗,丰盈芳香淡定从容。幸福女人谁都想做,只是女人的生命中,总有一些坎儿阻碍着你达到幸福的彼岸。想成为一个幸福的女人,就要学会跨越几道坎儿。

幸福女人的第一道坎儿:攀比。一山看着一山高,攀比是女人与生俱来的致命恶习。很多女人总觉得别人的日子过得比自己好,于是热衷于购买名牌服饰,追逐奢侈品。可是聪明的女人知道,攀比是一剂毒药,不仅会让我们钱包空空如也,还会让我们的心灵疲惫不堪。幸福不是晒出来的,我们需要的是一个家,而不是一所房子。有时候,女人该修剪一下自己的欲望了,因为一个欲望膨胀的女人是可怕的。

幸福女人的第二道坎儿:生气。常言道,生气是魔鬼,它常常让女人做出后悔不迭的事情。其实,生气是拿别人的错误来惩罚自己,这是何必呢?更何况,生气并不能解决问题,只会使事情变得更加糟糕。有些女人,在职场上,在生活上,总会发大小姐脾气,因为别人的一句指责而魅力尽失,满腔怒气地去指责他人。想想,这样爱生气的女人,会感到幸福么?她的生活早已被生气侵占了。

幸福女人第三道坎儿:过分依赖。男人喜欢小鸟依人的女人,但并不喜欢牛皮糖一样的女人。有些女人,把爱当成了束缚,剥夺了男人的空间。是的,这也是爱,可是这是幼稚的爱,是不成熟的爱。成熟的爱,会给对方一点私人空间,给爱一份成长和呼吸的空间。

幸福女人的第四道坎儿:假装女强人。大女人自我感觉良好:在工作上,让同事们敬佩自己,敬畏自己;到了家,依旧像在单位里一样发号施令独当一面,这会伤了男人的自尊。这道坎儿是幸福生活的大忌,女人就是女人,该示弱的时候就该示弱。

幸福女人的第五道坎儿:悲观。做女人难,做成功的女人更难。所以,很多女人常因为感情的不顺利,工作的不顺心,把自己想象成一个苦命女,不停地唠叨,不停地抱怨,不停地咀嚼过去的苦药片。何必呢?高兴是一天,痛苦也是一天,为何要为难自己呢?请舒展你的眉头,因为苦难没什么大不了的。

幸福女人的第六道坎儿:不修边幅。有些女人认为纯天然的,才是最美的,可是现实告诉我们,玉不琢不成器,想要修炼成优雅的女人,得换一身得体的衣裳,整理一下头发,化一个恬静的妆。

幸福女人的第七道坎儿:不会说话。病从口入祸从口出,女人们一定要把好说话这一关。给批评的话包上糖衣,会更容易被人接受。在与人相处的时候,女人要学会主动迎合对方的兴趣,不争辩,不高傲,如此才能口吐莲花、字字珠玑，让听的人受用，让自己受欢迎，从而获得融洽的人际关系。

世界上有一种女人，不管她嫁的是搬砖工还是高富帅，都有能力让自己过得幸福。女人的幸福，不是男人给的，不是注定的，而是自己经营的。幸福是人生中最宝贵的财富，聪明的女人只要掌握了获取幸福的秘诀，学会了获取幸福的处世智慧，就可以轻轻松松地去感知幸福，把握幸福，创造幸福。

幸福的女人一直都在为自己的幸福而活，她们知道如何让自己活得自信而优雅，懂得享受人生的美好，掌握了将爱情进行到底的诀窍，知道怎样在平淡如水的生活中保持一份恬静和欢喜。

这是一本让所有女人找到幸福，并且成为一个幸福女人的魔法书，它告诉你幸福女人必备的修养，告诉千万女性作为一个幸福女人必须要知道的处世智慧。无论此刻，你是迷惑抑或无助，平凡抑或自卑，本书都将带你走出心理的泥沼，拨开生活的阴霾，帮助你、安慰你、铸造你，让你掌握自己的命运，学会优雅自信的生活，学会经营自己的美丽人生，做一个最幸福的女人！

目　录

CONTENTS

第三章 舒展眉头，如果事情无法改变就改变态度 …… 40

第四章 美人无瑕，女人的精致源于细节 …… 61

第五章 大方得体，女人不可不知的酒桌应酬 …… 77

第十二章

第十三章

第一章

不攀比不炫富，
女人的素养来自内心的丰盈

1.攀比，让我们成了“恐聚族”

“我刚刚跟老公去了趟香港。”

“你看看我的LV包包，手感还好么？”

“年前我们家又在四环内买了一个三居室。”

“现在买车难摇号难啊，幸亏我抢在去年底又买了辆车！”

“你们年终都奖发了多少？我家那口子年终奖发了好几万元呢！”

……

聚会上，总少不了高谈阔论，当彼此谈及近况的同时难免带有比较的意味，票子、房子、车子甚至是婚礼和孩子，都会成为聚会的主要话题，这让不少人表示“鸭梨很大”，而聚会似乎变成了一场“炫富会”和“攀比会”。

面对昔日“同桌的你”，无房无车无票的女人如何不恐慌？

叶冰璇出生在一个经济发达的南方县城，大学毕业后，当同学们在当地上班或自主创业的时候，叶冰璇满怀憧憬地奔赴北京，成了“北漂一族”。

今年过年，叶冰璇回老家参加了高中同学会。冰璇发现，十年后难得一次的同学聚会似乎成了露天车展。曾经的体育委员开着价值百万的宝马潇洒甩尾，文娱委员的大奔已经是第二辆车了，还有那个冰璇都叫不出名字的同学，为几十个人的聚会埋单眼睛都没眨一下。

在饭店吃饭的时候，叶冰璇像被霜打的茄子，因为同学一聚，话题总不离票子房子车子，这让她觉得俗不可耐。“今年生意不好做，也就赚

了几十万”“今年刚结婚，和老婆澳洲度蜜月了”“最近一直签那些几百万的单子，忙死我了”……听着同学们你一言我一语，无房无车至今还是单身的叶冰璇心里不舒坦极：自己学生时代一直是品学兼优的好学生好班长，高考考进了省内的一流高校，可是班里原来那些只能考上三流大学的同学甚至高中就辍学的同学，现在都比自己光鲜耀人。

同学聚会后叶冰璇感叹：“我怎么回趟家聚个会，觉得这打击不是一般的大啊！聚会真不好聚。”

其实聚会，本该是轻松和快乐的，但是一股“攀比”风渐渐吹到了聚会里。其实名利都是“浮云”，这世上，没有谁比谁高贵。钱多的人就一定幸福快乐吗？钱少的人难道就只能悲悲戚戚吗？每个人的能力和机遇不同，生活方式也不同，所以何必以别人的标准判断自己的不足？何必拿别人的皮带测量自己的腰？

“我们有好几年没搞同学聚会了吧，元旦谁来组织一下呀？”薛纹在高中QQ群上热心地召集着。这薛纹上学时是班主任最头疼的问题女生，高考没考就去广州下海了，现在已拥有了一套小别墅，当然谁也不知道那别墅的来历。或许是出于虚荣，薛纹在QQ群分享里，总炫耀自己不是去巴黎扫货了，就是去马尔代夫度假了。

当时虽然很多同学在线，却没有人回应。“班长，你怎么也不吱声呀？”薛纹依旧不死心。这时有几个同学不好意思便表了态：“赞成，有人组织我就参加。”

这时，班长乘势浮出水面，大义凛然地说：“我来组织也行，吃吃饭唱唱歌，每人最多也就花几百块钱。特别注意，我们这次是裸聚，目的是忆往昔，想要各种吹嘘各种炫耀的人就不要来参加了。”

没想到，这句话竟赢得了同学们的赞同和热烈回应。一会儿，聚会的时间和场所，每个人交的餐费都敲定了。同学们相信，在班长的领导下，这次同学聚会，肯定会“出淤泥而不染，濯清涟而不妖”。

对名目多样的各类聚会，“恐聚族”最好先调整自我心态，因为同学聚会对人际网络的恢复和维系有很重要的作用。虽然我们在社会上的职业千差万别，但无论你是“恐聚族”还是“喜聚族”，在聚会时不妨卸下所有的“包装”，开展“裸奔”聚会，毕竟聚会更多为的是回忆和分享。

同学聚会，亲友聚餐，最应讲情不讲金，忆往昔峥嵘岁月稠，既不和别人攀比，也不把别人的自我炫耀放在心上。所以，在聚会中，你最好本着“任凭风吹浪打，我自岿然不动”的精神，卸下心理包袱，让别人炫富去吧。

2.虚荣是一剂毒药，千万别上瘾

李敖说，虚荣是心灵浮躁的直接表现，有时又是自卑心理的异化。

有人为拥有一个LV的包包而兴奋不已，有人为得到一瓶代购的法国迪奥香水而沾沾自喜，有人伸出纤纤玉指向旁人炫耀着一克拉的钻戒，有人挽着高大英俊的男友在女伴们面前趾高气昂……这些人穷其一生都在追求一些表面上的荣耀，追求人们羡慕的眼光，追求一些奢侈的东西，可那些又能给他们带来多大的快感？奢侈的背后又有些什么？其实他们虚荣的背后是自卑，因为他们的内心不够强大，太过自卑，所以需要一些外在的东西来掩饰内心的弱势。

年后，绝对是淘宝的好时机。周一早上，念含刚到办公室，同事小曼便兴致勃勃地跳到念含跟前，乐得花枝乱颤。作为小曼的密友，念含一

下子就猜出来，这丫头肯定是淘到好东西了。她往小曼身上向下一看，发现对方淘了一条不错的牛仔裤，李维斯，名牌，剪裁好、很贴身，于是对小曼当然一阵赞美。不过赞美之余，念含觉得小曼的新牛仔裤越看越觉得紧。

果然，下班时，小曼懊恼极了，念含凑过去发现小曼穿着靓裤时居然蹲不下来。原来，小曼在买裤子的时候，看到是名牌，并且看自己能穿小一码的裤子，就乐晕了，结果忘了蹲下来可能松紧不合适。

念含在暗自调侃小曼太虚荣的同时，不禁想起自己衣柜里，那好几件一时冲动买回来的“长期待业”的衣裙，以及床下那一双黑色蝴蝶水钻高跟鞋……

虚荣像空气一样，充斥着女人的精神世界，她们常为了可以和上流社会交流时有谈资，就购买豪华铅质的时尚杂志；为了追求时尚体面，疯狂购买品牌服装名牌首饰；为了要充当大款，“潇洒”出入每个高消费场所……这一切只是因为有一颗虚荣的心。原本我们无忧无虑的平静生活，因虚荣而变得浮华而辛苦。

权势、金钱、美色、名利……我们被它们牵引着脚步的同时，也让生活背离了本来意义。那些所有为了虚荣而生的东西，都像小贩精心制作的鸟笼，张着诱惑的口，等待着我们飞进去，让我们无法逃脱。

男孩和女孩是一对青梅竹马的恋人。

有一天，男孩女孩牵着手去逛街。当经过一家首饰店时，女孩一眼看见了摆在玻璃柜里的那条心形金项链。女孩心想：我的脖子这么白，配上这条项链一定好看。

男孩看见了女孩那依依不舍的目光，他摸摸自己的钱包，脸红了，拉着女孩走开了。

几个月后，女孩的20岁生日到了。

在女孩的生日宴会上，男孩喝了很多酒，才敢把给女孩的生日礼物——女孩心仪的那条心形金项链拿出来。

女孩高兴地当众吻了一下男孩的脸，问："你哪里来那么多钱啊？"

过了半晌，男孩才搓着手，嗫嚅道："没有那么多钱，这个是……是镀金的……"

男孩的声音很小，但客厅里所有的客人都听见了。

女孩的脸蓦地涨得通红，把正准备戴到自己脖子上的项链揉成一团随便地放在了牛仔裤的口袋里。

"来，喝酒！"女孩大声说。

那天晚上，她喝得酩酊大醉。

不久后，一个男人闯进了女孩的生活。男人说，他什么也没有，只有钱。

当他把闪闪发光的金首饰戴到女孩身上时，俘虏了女孩那颗爱慕虚荣的心。

他们很快便在外面租了一间房子同居了。男人对女孩百依百顺，女孩暗暗庆幸自己在男孩和男人之间的选择。

对于女孩来说，那真是一段幸福的日子。

但是好景不长，在女孩发现自己怀孕了的同时，也发现男人失踪了。

当房东再一次来催她缴房租时，她走进了当铺，把自己所有的金首饰摆在了柜台上。

老板眯着眼睛看了一眼说："你拿这么多镀金首饰来干什么？"

女孩一下子愣住了。

接着老板的眼睛一亮，扒开一堆首饰，拿出最下面的那条项链说："嗯，这倒是一条真金项链，值一点钱。"

女孩一看，这不正是男孩送她的那条假金项链吗？

当铺老板把玩着那条心形的项链问："喂，你打算当多少钱？"

女孩忽然一把夺过那条项链走了。

都说现在的女人越来越势利，面对爱情左挑右选，先考虑的必是物质因素，你没房没车没工作，让我爱上你的才情？那是上世纪八十年代文学青年们才做的事情。一无所有的你唱着浪漫的情歌，让我跟你走？那是九十年代女生们的狂热举动。无数女人们叫着喊着要嫁给有钱人，甚至为了虚荣而放弃真正的爱情，都是虚荣心理在作怪。女人要懂得知足长乐，不可贪慕虚荣。虚荣是一剂毒药，你可千万别上瘾。

3.穿着可以体现女人的修养，但它不一定要是名牌

女人们常常会陷入一个误区，认为穿在身上的衣服越华丽越好，佩戴的饰品越亮越多越好，认为穿名牌就是有品位，就是有修养。有钱不一定买得到好品位，没钱买名牌的你也可以穿出品位。要让一件普通的衣服穿出名牌的效果，需要一种技巧，这是我们女人的一门必修课。佛靠金装，人靠衣装，你在适当的场合，穿得漂亮而得体，就是有品位有修养的女人。

姬菲菲是S航的一名空姐，虽然身材修长，但在S航中，并不算漂亮。可是令同事奇怪的是，第一次见姬菲菲的人，都会以为谈吐不凡优雅淡定的她是名门之后。因为姬菲菲每一次的着装都大方得体，彰显出了她的个性和气质。

同事们发现，姬菲菲有着别于常人的着装诀窍：每次衣服搭配的颜色不会超过三种，所选择的衣服，剪裁利落简约。这样的着装让姬菲菲

看起来更加清新脱俗。

有些人见姬菲菲穿的每一件衣服都很好看，便猜测这样的衣服肯定都价格不菲，于是就问她是不是买的衣服从来都不低于千元。

姬菲菲微笑着说："不会，而且正好相反，我极少买上千元的衣服，我基本上不会选择名牌，也不热衷于名牌，所以通常都是买一些不贵的或者是换季时的打折衣服。"

服饰是生活中不可替换的一个重要符号，往往能形成一种巨大的气场。往往当我们还没有看清对方的容貌，还来不及揣测对方的心理时，对方的服饰就已经给了我们一个重要的提示。服饰所代表的个人品位，是我们留给他人的第一印象。

个性是品位女人的内涵，是魅力女人的一种精神。一个缺乏个性缺乏内涵的女人，即使穿着了名牌，也仍然是空洞的，没有魅力可言。

妙涵怎么也想不明白，工资涨了又涨，但几个月下来，自己的"小金库"却没有一点库存。快过年了，别人都归心似箭，妙涵却成了"恐归族"。

朋友帮妙涵一分析，说妙涵是典型的月光族：用一个月的工资买了一双GUCCI的鞋子，花了两个月的薪水买了只LV小包包。她过于追求名牌服饰，追求名牌首饰了，就连平常用的纸巾也要买名牌的。"这样你的工资还能攒起来么？"朋友问妙涵，"为什么不买些实惠的东西么？同样是衣服，同样是羽绒服，买美特斯邦威的不就能省钱了么？"

可是妙涵无奈地说："穿名牌多有品位啊，公司里人人都穿名牌，你要没件阿尼玛都不好意思开口和他们聊天。"

穿着可以体现女人的修养，在不同的场合，服饰要得体自然，但不一定非得是名牌。名牌搭配不好，同样会给人不堪入目的感觉。有人用

地摊货的价格穿出了名牌的效果，有人却用名牌的价钱穿出了地摊货的效果，问题在哪里？在于购买者的审美眼光。当你伸出手取下衣架上的衣物时，当你付款把衣物变为已有穿在身上时，什么在左右你的选择？是你的审美能力。所以我们与其孜孜不倦地追求名牌，不如培养一下自己的审美能力。

一个聪明的女人，对于穿着，只选最对的，不选最贵。这才是一种成熟的消费心理。

一个优秀的女人，必会注意自己的着装，女为悦自者容，更为己容。穿出品位，穿出修养，穿出自信，穿出一份好心情，会让我们神采奕奕、光彩照人。

4.幸福不是晒出来的

空间、博客、论坛、微博等，带给人们很多机会晒幸福秀恩爱。在人们的羡慕嫉妒中，拥有一份美好的、如水晶般的感情，的确别有一番风味，羡煞旁人。

晒幸福是女人的通病。都说女人是感情动物，所以婚姻和恋情的幸福美满，大概是女人们最得意的事情了。当这份事业经营得好时，女人会忍不住拿出来和人分享，说出来让大家开心一下，这本无可厚非。但是既然你拿出来晒了、秀了，就别怪人们拿庸俗地标准去说三道四，嘴巴长在别人的身上，模范情侣和神仙眷侣可不那么好当的。

海燕最喜欢在同事面前晒她的幸福爱情。即使是老公打来的一个很平常的电话，她也会在挂断后对同事们说：“我家老公也真是的，就是

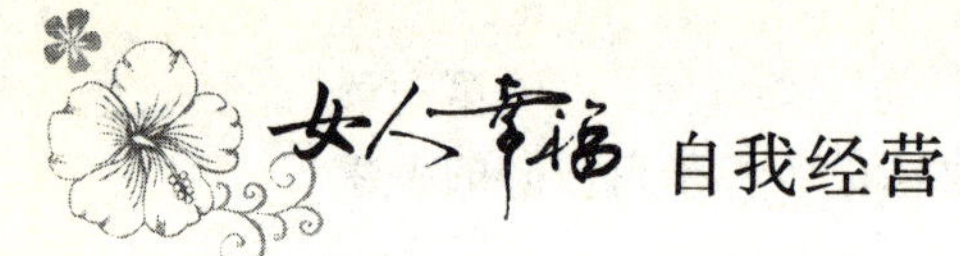

不放心我，非得每天打电话嘘寒问暖，真是烦人。”这时如果有人搭腔说：“你看你老公对你多好，还抱怨。”海燕的话匣子会就此打开，滔滔不绝如长江之水，因此很多同事害怕跟她搭腔。

后来，有人不见海燕接到她老公的电话了，就问她缘由。她说：“我老公最近换工作了，可以整天挂QQ，他现在改在网上关心我了，省了电话费。”

其实，大家早已听说，她早几个月前就离婚了。

如果幸福是需要拿出来晒的，那这样的感情如何经得起岁月风沙的腐蚀？真正的幸福是藏于心间，且细细咀嚼与品味的。有时候幸福的滋味是无法用语言来表达的，细微的动容才是最真挚牢固的幸福。

女性本能地需要寻求认同感。“易求无价宝，难得有情郎”是普通大众内心的恋爱情结，这让晒幸福的人晒得孜孜不倦，看幸福的人看得不亦乐乎。

有人在论坛上记录男朋友对自己呵护的点点滴滴。有人结了婚，天天把小日子挂在网上，恨不得让全天下都知道自己过得有多好。有人把豪奢婚礼的小细节拍成一部电影，然后不断寻找听众和观众。有人在微博上说，自己的男友连续一个月在加班之后还手捧宵夜到自己楼下。有人在心情日记上写到，自己亲爱的他倾尽年终奖带自己飞去日本只为买一颗限量版的粉钻。

于是有人羡慕了，有人嫉妒了，有人质疑了，有人不屑了，而晒幸福的人，在晒的过程和收到的回馈中，得到了被注视的优越感。

这些趣事，正因为具有偶然性，才显得难能可贵。晒多了，人们的羡慕会成箩成谷，使晒幸福之人的胃口变大。当有一天，有些人发现自己最近居然无事可对周围人炫耀，便会心生怨怼：“他不爱我了，最近竟然什么特别的事情也没有为我做，以前可不是这样的。”

晒恩爱，其实就是给自己设定一个神龛。晒在大家面前的幸福，会因为你的描述变得无懈可击，熠熠生辉。所以你不能坍台，不能失态，不能出丑，顶多在暗夜里叹口气后，将不顺的事情“打落牙往肚里吞”。若是你说你现在不幸福，岂不是否定之前的幸福么？这不等于打自己的巴掌么？女人，你是个可爱的普通人，不过就是谈个恋爱结个婚生个小孩，有必要让自己这么累吗？

有个叫做“茉莉花儿”的姑娘喜欢每天在微博里晒自己和老公的幸福日子，两口子天天如胶似漆恩恩爱爱，引得无数人跟着羡慕。可是有一天她忽然不提了，群众的好奇心是强大的，当大家都追着问原因时，她避而不谈，最后更是销声匿迹了。

过了一阵子大家听说她离婚了，这才知道原来那阵子她发现老公在外面包了二奶。

话说回来，晒幸福秀恩爱，其实是一种内心需要被关注被肯定的表现。人们会因为幸福恩爱不常有，而在拥有之时，希望借外人们的羡慕来建立自信。要是你非晒不可，请选择好场合和好观众：在浴场就应该赤裸，在大街上绝对不要裸奔。

做人低调一点，就不会遭人羡慕嫉妒恨，也不会在失意的时候显得那么的落魄。幸福不是晒出来的，当一个人满世界地诉说自己过得很幸福时，很可能已经不那么幸福了。需要“说”出来的幸福，可信度到底有几成？《小兵张嘎》里有一句台词很经典：“别看现在闹得欢，小心将来拉清单！”

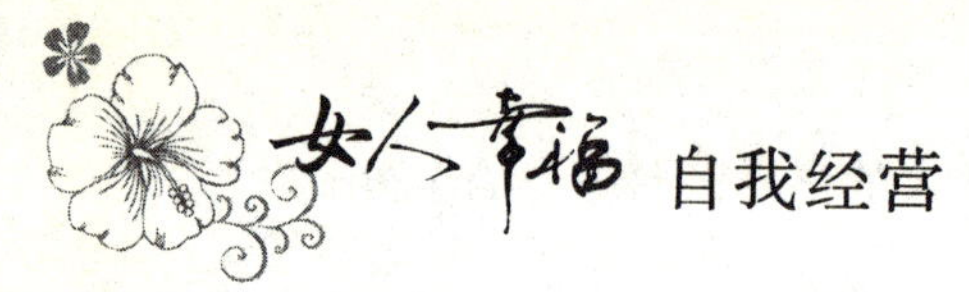

5.你需要的是一个家，而不是一套房子

和爱情与面包的这个古老话题一样，在楼市价格飞涨的现代生活中，家和房子也是热门的话题。生活中，有的女孩因为男友没有面包而与男友分手；也有很多女人放弃了家，而选择嫁给“房子”。

《泡芙小姐，我想有个家》里说：“有一个关于房子的魔咒：有人说在一个陌生的城市租房搬家超过十一次，或许你就能芝麻开门了。我想有个家，不是纯粹说是要那一间间房子，而是我喜欢那些熟悉而温暖的灯光。”

是的，这就是家，也许并不大，但它任何时候都会敞开大门张开双臂欢迎你。家是我们每天下班后都想急匆匆赶回去的地方，疲惫后去休息的地方，是有爱人和孩子在等你归来的地方。作为女人，你必须清楚自己需要什么：是一个有人疼有人爱的温暖家庭，还是一个外表美丽却寒冷的水晶冰窖？

那时候，他很穷，可是尹白蕙义无反顾地嫁给了他。婚后，他们住在两间不太宽敞的平房里，但是这样的日子却让她觉得幸福。白蕙对老公说，有你的地方就是家。和老公一起看电视，一起开心地大笑，伤心的时候总有他陪在自己身边，那时的白蕙很满足。

但白蕙的老公却不甘于这样，他在结婚后选择了竞争激烈、业务繁忙的行业——销售。白蕙老公的转行很成功，几年后，他们搬进了宽敞的新家。可是白蕙发现老公陪伴自己的时间变少了，独守空房的日子多了。她开始怀念以前那段艰辛日子里的甜蜜，他不必加班，不必把工作带回家，那个温馨的小家里天天都洋溢着他们的欢笑。

如今，事业是老公的全部，而对于白蕙来说，爱情和家是她的全部。整日面对空荡荡的房间，白蕙感到了凄凉，觉得心都被掏空了。

当一间房子没有人气的时候，你就不能称之为家，它仅仅是你的蜗居之地，你的住处。只有当房子里有了你的爱人，你的父母或是孩子时，才能叫做家。如果一个女人选择了长年累月不能回家的人作为丈夫，便不会体会到家的感觉。一个家的感觉是：在你哭的时候，他总能第一时间递给你纸巾；在你笑的时候，他陪你一起笑；在你害怕的时候，他总能及时奉上最结实的肩膀。

人们总是抱怨有钱的男人没感情，有感情的男人没钱，其实感情与钱没多少关系，只要真心诚意，同甘共苦，相知相守，他就是好男人，值得你托付一生。

邬映冉在经历了上一段与穷小子的悲苦爱情之后，终于悟出，贫贱夫妻百事哀，所以她成了一个典型的拜金女，择偶标准只有一条，那就是对方一定要有钱，而且舍得为自己花钱。在一番精心策划之后，邬映冉麻雀变凤凰，成功地钓到了金龟婿。仅仅半年，他们闪电结婚。

一夜间，邬映冉从灰姑娘变成了白雪公主，嫁入豪门，住进了豪华的别墅，过上了阔太太的生活。婚后，她购物、美容、做Spa、和朋友去旅游……对一切充满了新鲜感和激情。但一年后，邬映冉忽然觉得心里空荡荡的，没有丝毫归属感。从外面狂欢回到家的那一刻是最痛苦的，因为孤独冷清会一下子包裹全身，浸入她的每一寸肌肤。

这个金龟婿在自己的家族企业上班，时常要出差，一年待在家里的时间还不到一个月。虽然他对邬映冉不错，时常打电话回来，还让她随便刷信用卡，但邬映冉不快乐，她想念自己的父母，想念曾经美好单纯的初恋，想重温家的感觉。

幸福女人的背后都有一个美满的家，而孤单女人的背后也许有一所好房子，却没有一个温暖的家。家，是每个女人幸福的起点。女人必须清楚自己到底是为了什么而结婚，是为了和丈夫一起营造一个其乐融融的天地，还是为了一套冷冰冰的钢筋混凝土建成的房子？为了房子就把自己嫁掉的女人，住在豪宅之中，半夜醒来，会心生苍凉之感。

家是一个充满爱意的地方。有一首歌这样唱到："我想要有个家，一个不需要华丽的地方。在我疲倦的时候我会想到它。我想要有个家，一个不需要多大的地方。在我受惊吓的时候我才不会害怕。谁不会想要家。可是就有人没有它，脸上流着眼泪只能自己轻轻擦。我好羡慕他，受伤后可以回家，而我只能孤单地寻找我的家。"

6.拿什么拯救女人的购物欲

你是不是有多次薪水入不敷出的经历？

你是不是经常为自己买的东西而后悔？

你是不是昨天买的东西今天就置之不理？

你是不是认为购物是对自己最好的犒劳？

你是不是经常在不需要某种商品时非要购买它？

你是不是一个月里二分之一的休息时间是在商场徜徉？

若果，你的答案是"是"，那么，恭喜你，你已成功晋升为一名合格的购物狂。

舒天禾在一家大酒店担任主管，因为市场竞争激烈，她总是感到莫名的压力。随着十一假期的临近，旅游业的升温，身为大堂经理的她又

开始忙得昏天黑地。连续三天三夜的接团工作使她累昏了头，恨不得自己有三头六臂来处理这些烦人的事情。

第四天下班后，舒天禾连饭都没吃就一头扎进了酒店边上的购物中心，想通过疯狂购物放松一下膨胀的头脑。那天晚上她连续逛了两个购物城，买了一大堆连自己都不明白为什么要买的东西，她正准备为自己购买的最后一样物品结账时，她突然发现钱包不翼而飞，连最爱的太阳镜也下落不明。

面对自己的尴尬，舒天禾欲哭无泪，对着收银员连说抱歉。

用物质来填补心理上的空缺，是现代都市人惯用的方法。心理医生认为，虽然不少购物者感到“购物确实能带来快乐”，但无论是释放压力、消磨时间还是排遣寂寞，购物都不是根本的减压办法。与其疯狂购物，不如找朋友聊聊天，进行适量的运动，旅游散心，以此所获得更加长久的心理满足感。而如何控制购物欲、建立合理的消费观，大概可以和增高、减肥并称为世界女性的三大难题。

和所有女性一样，陶琬每次血拼完就暗暗发誓，下次再也不血拼了，否则费神费力更费钱。可真的到了下次，陶琬还是一拼到底。她常常叹息，自己是上了瘾了，对购物欲罢不能。对陶琬来说，控制自己的购物欲，成了比歌德巴赫猜想更大的难题。

上个月因为商场换季打折倾尽了两个月的工资以后，陶琬下定了决心要遏制自己的购物欲。现在，陶琬出门逛街的时候，总在手机里设置一条备忘：“请注意，买东西前，找缺点。”于是在面对一条新款的裙子时蠢蠢欲动的陶琬开始“找茬儿”：颜色不适合，款式太雷同，性价比太低……能找什么找什么。且不说鸡蛋里挑骨头，但要求也近乎苛刻。

陶琬手机中还有一条“购物三要素”：很需要、很喜欢、很便宜。陶琬规定自己买的任何东西一定要同时符合以下三个条件中的任意两个，否则，免谈。

如果在前面两个备忘提醒下还是不能克制自己的购物欲，陶琬就会使出最后的杀手锏：出门不带钱也不带卡，这样就买不了东西了。不过令陶琬欣慰的是，前两条备忘已经足够用了，现在她已经好久没有买不实在的东西了，成功脱离了“月光女神”的队伍。

在电影《天生购物狂》中我们看到，购物狂在购物过程中会产生各种情绪和行为失调症状，进而演变为“冲动型超购症”“后悔型超购症”“恋物癖超购症”。想要翻身做自己的主人么？那就解放自己，拯救自己疯狂的购物欲吧，让自己不再为买了华而不实的东西懊恼，不再为情绪埋单。

首先，女人们要经得起诱惑，不要因为同事有瓶CK的香水，就去买瓶香奈儿五号，内心丰盈的女人才是最有味道的女人。

再有，女人们要经得起空虚和烦躁，当我们因为无所事事而想去购物时，可以先打电话或当面向朋友倾诉，这样可以先让自己不安的情绪得到缓解。

另外，养成“就重避轻”的习惯。出门前将必须要买的东西写在小纸条上随身携带，每次被其他物品吸引时要告诫自己“先买有用的东西，然后再回来逛”。

最后，培养其他兴趣。当我们把眼光投注于自己感兴趣的地方，例如看看书看看电影，听听音乐，并且用心去做去感受时，你会发现购物欲已经对你退避三舍了。

7.经常修剪你的欲望

女人的欲望是无穷无尽的。有些女人像童话中渔夫的妻子一样贪得无厌，在得到了小木屋以后，奢求得到富丽的豪宅，住进了豪宅又想成为主宰一切的女王，最终自食其果，又回到了破烂不堪的茅草屋。佛曰，人有七情六欲，所以苦海无涯，回头是岸。但无欲无求是红尘外的人，对于我们这些在红尘中打拼的人而言，欲望是奋斗的动力；但欲望太盛就容易使心理扭曲最终害人害己，因此，我们要学会适时修剪这些孳生蔓延的欲望。

欲望无穷，愚蠢的女人为其所困，牺牲了自己原有的快乐，而聪明的女人懂得选择与放弃，最终得到想要的幸福。《道德经》里说："祸莫大于不知足，咎莫大于欲得。"压力太大，会将我们压垮，欲望太多，会让我们举步维艰。

彭傲晴从小就是个争强好胜的孩子，从小就担任中队委员、班长，处处都想拿第一。而踏入社会的傲晴在同事们心目中更是一个女强人。

自从半年前看了《穿PRADA的魔头》后，彭傲晴对服装的品牌意识和时尚品味得到了前所未有的提升：保证自己穿戴的服装、香包、鞋子、围巾、帽子在一周之内不重复。虽然傲晴一个月的工资有八千，但也经不起这么奢侈，各种银行信用卡的作用发挥到了极致。

上个月貌似是个"晋升月"，傲晴身边的朋友升职的升职，加薪的加薪，介令她费解的是，"她们的工作能力并不比自己强"，于是彭傲晴开始琢磨着如何跳槽争取更高的薪水。

彭傲晴的好友最近交了了外籍男友，这让傲晴心里憋屈极了："明明她的英语水平好烂的。"于是她开始参加魔鬼英语提升班、老外的酒会，生个混血儿成了她新的目标。

彭傲晴觉得自己拥有的东西太少，想要的东西太多，最终在各种欲望地刺激下，她陷入到一种不正常的心态和生活中去，烦躁和焦虑时时困扰着她，让她的欲望越发膨胀。

人的欲望是与生俱来的，因为有欲望，人才有了动力，如无欲无求，人生就会失去生气。但欲望太多，就会变成枷锁。有位法师建议一个被无尽的欲望困扰着的商人去修剪灌木，他希望商人每次修剪前，都能发现，原来剪去的部分，会重新长出来，这就像我们的欲望。

但是，即使欲望生生不息，我们也可以避免陷入欲望的泥沼。你可以去修剪，时时修剪，明白自己要什么，按自己想要的模样修剪你的欲望吧。我们能做的，就是尽力把它修剪得更美观。对于名利，聪明的女人取之有道，用之有道，利己惠人，能轻松摆脱欲望这个心灵的枷锁。

在同事们心目中，戴淑仪是一个傻乎乎的女人：她在这机关单位干了近二十年了，当其他同事都加官晋爵飞黄腾达的时候，她却一点也不眼红，还是安安静静地做着自己的本职工作。今年她所在的机关要选拔中层干部进领导班子，所有人都看好戴淑仪，但她在最后的评定中落选了，被一个新来的黄毛丫头抢了先，同事们都为戴淑仪感到可惜，戴淑仪却乐呵呵地说："年轻人，有活力，当个领导磨练一下好啊，我也落得清闲。"

不仅是对自己的工作，戴淑仪对丈夫的工作也没有像其他同事一样又是监督又是教诲，而是常常劝老公工作不要太拼命：她有一句金言："名利，都是浮云。"

人家都是望子成龙，但这句话要是搁在戴淑仪身上实在是太不合

适了。当同事们都逼着孩子在暑假去参加这培训班那培训班的时候，戴淑仪却陪着孩子去拉萨好好潇洒了一番。而这孩子也争气，一年后考上了当地的重点高中。这让人们恍然大悟，原来这是寓教于乐啊。对此戴淑仪却说："哪有这么大的目的性啊，孩子想玩就玩呗。"

欲望如树，生生不息，令人疲惫不堪。过多的欲望，不仅不能成为前进的动力，还会让心灵不堪重负。女人若有了太多的欲望，就会失去心灵上的自由，失去了女性的美，不再灵动，不再飘逸。放任的欲望，会像疯长的灌木一样丑恶不堪，你只有经常修剪，才能使它们成为一道悦目的风景线。如果欲望扰乱了我们的心神，让我们心神不宁，就应该去修剪。剪去了虚华，你才能脚踏实地；剪去了狂燥，你才能冷静处事；剪去过多的贪欲，你才能保持独有的清醒。

幸福的女人手中都有一把修剪欲望的剪子。只有剪去这些杂乱的枝干，减去心中过多的欲望，女人才能拥有一颗宁静而愉悦的心，才能赢得自己想要的轻松自在的生活。

第二章

保持涵养，
动不动就发脾气的样子一点都不美

1.收敛你的大小姐脾气

同事们都加官晋爵,单单没有你的份,你是不是会怨天尤人?

天下雨了,男友却没有接你,你会不会暴跳如雷地打电话过去质问?

好不容易忙活了半天的文档因为断电而资料全无,你会不会开始抱怨与懊恼?

因为丈夫早上没有叫你起床而害你整整迟到了半小时,你会不会责备他的疏忽……

或许,生活里的一点点小事,都可以让你大发脾气,生气的理由也似乎随处可见。

对于独生女而言,因为从小就娇生惯养,所以总会有些大小姐脾气。踏入社会以后,很多女人喜欢将这种大小姐脾气带到工作生活中,将同事关系搞得一团乱麻;但是,却没有人为她的脾气埋单。女人的骄纵和坏脾气只会让人敬而远之。

萧然和林淑琪都是刚毕业不久的大学生,在同一家公司上班。对于其他同学而言,她们公司的福利好极了,不仅五险齐全,双休日、节假日也从来不加班,还提供一顿免费的午餐,虽然吃什么是按照公司每日订制的食谱来安排的。

这天,处理完一上午的杂乱文件后,两人又坐在一起吃午饭,萧然刚掀开饭盒盖就开始抱怨:“啊?竟然又是青椒土豆丝盖饭,我最讨厌了。”林淑琪听后什么话也没说,继续吃饭。过了一会就听到萧然边吃边抱怨道:“这个公司真抠门,虽然美名其曰免费的午餐,但还不如我们自己出去吃呢,这么差的伙食!一周才吃几次荤啊,真烦。想在家里,我爱吃什么,妈妈就给我做什么。哪里受过这样的气!这简直不是人吃的饭嘛。再吃土豆,人都变成土豆了。”

林淑琪听得不耐烦了,便说:“我的大小姐,你别再抱怨了。这有什么办法,如果想吃好一点的工作餐,有两个选择,要么你自己叫外卖,要么就是你努力爬到经理那个位置,自然有好菜好饭伺候着你。你光在这里抱怨,能管事儿吗,下周二还是吃同样的饭。”

比尔·盖茨说:“与其在那里抱怨命运,不如去改变它。”你考虑过如何适应和改变现在的命运了么?爱发脾气的大小姐们,你是否已经厌倦了生活中的“青椒土豆丝”了呢?如果是,那么只在背地里指责抱怨,又有什么用呢?难道你以为就凭几句抱怨,就能改变这些已成定局的现状么?回头看看,是不是依旧一片狼藉?抱怨来抱怨去,这些怨气最终还是会落到我们自己的身上,如此,不仅会影响工作情绪和工作效率,若是处理不当,没准儿连“青椒土豆丝”都保不住。

平日里骄傲得像只孔雀的欧安燕终于低下了她高贵的头颅。她怎么也不明白最终会是这样一个情形。电视剧里的情节就这样让自己措手不及地发生了。

最能伤害你的,莫过于你的爱人和好友了。一个是与自己相恋五年的男友,一个是自己从小到大的闺中密友,男友抛弃了自己,闺蜜背叛了自己。欧安燕发现,自己活了二十六年,失去了所有:不仅失去了爱情,还失去了友情。

可是男友却在分手的时候告诉欧安燕,自己再也受不了她的大小姐脾气了,与其活在欧安燕的种种压迫之下,还不如放手。

欧安燕不能接受现实,人一下子就消瘦下去,天天神情恍惚。她想

起自己和男友的种种美好：曾经花前月下，郎情妾意。难道所有的山盟海誓，他都不记得了么？难道所有的美好回忆，他都忘记了么？一起白头偕老的诺言，难道真的只是有口无心么？更何况，男友喜欢上的还是自己最好的朋友。那个朋友有什么好？家庭条件那么差，一副老土的样子，只会看书做饭，天天素面朝天，哪比得上自己？

欧安燕越想越气，把手边的花瓶砸得粉碎。欧安燕想起以前发脾气的时候，男友都会过来哄自己开心，又是讲笑话又是扮小丑，可是自己就是不领情，现在想想真是后悔。其实闺蜜是一个善解人意的女孩，自己不开心的时候，她会跑过来陪自己逛街看电影。欧安燕醒悟了，是自己脾气太大了，把男友推向了闺蜜的怀抱。

所以，聪明的女人们，要尽快丢弃自己的小姐脾气、公主病和女王作风，因为不管你心里怎么想，在别人眼中你都不具备耍脾气的分量。与其把朋友恋人同事之间的关系搞得更糟，不如先掂量一下自己的分量，如果分量不足压不了台面，就收敛锋芒，尝试让自己做一个谦逊有礼亲切可人的温柔女生，相信那样的你，会在人群中大受欢迎。

2.别因为一句指责而魅力尽失

生活中，我们常常遇到到这样的指责：“你怎么迟到了？”“为什么单子没签成？”“这么重要的场合你的服装怎么这般不合体？”“这么简单的工作你怎么不处理得更好一点？”“这样糟糕的创意不适合我们的主题”……常言道忠言逆耳利于行，若你在毫无防备的情况下突然听到逆耳之言，心里肯定会不爽。女人都是要面子的，无缘无故地被泼冷水，肯定会有所不服,毕竟好话一句香千里,恶语一句六月寒。

有时候别人的指责会过于尖酸刻薄,与现实大相庭径。如果你马上表现出扭捏不满的态度,或者皱起眉头,剑拔弩张,只能使事情越来越糟糕。这时候,我们与其因为别人的指责而魅力尽失,不如多一份谦虚,多一份豁达,对指责报以虚心和微笑,这样更能赢得他人的敬佩。

吴囡囡在学校学的是计算机专业,毕业以后经过几个月的培训,在专业上有很大的提高,成功地被一家知名的网站聘用,做一名程序员。一年后,她被公司领导提拔为程序负责人。吴囡囡性格开朗,乐于助人,由于扎实的程序功夫,常常帮助组里的成员解决难题,所以在公司里的关系很融洽,年纪小的叫她囡囡或吴姐,年纪大的就亲切地叫她吴妹子。

可是从上个月开始吴囡囡就很苦恼,她觉得自己好倒霉,因为公司调来了一个不懂技术又爱指手画脚,脾气还糟糕的顶头上司。上司常对几个程序员发火,好像他们做的东西根本就一文不值,丢在大街上也不会有人理睬。

上个礼拜,更是发生了一件让吴囡囡觉得恐怖的事情。因为公司需要,囡囡他们需要在两个星期内完成一个复杂的游戏,可是当吴囡囡和所有程序员加班加点把游戏做出来后,他们的领导却一点也不满意,对他们大发雷霆,大骂公司怎么会招这样一帮无用的家伙,并让他们重新改。

当游戏被改了六遍后,面对怒气冲冲的顶头上司,同事们没想到平时安安静静的吴囡囡会对大声上司说:“只能这样了,不能改了,要像你那样改只会越改越糟,要改你去改。”

这对从来没有受到过顶撞,原本就怒气冲冲的上司来说简直是火上浇油,他把所有对游戏的不满都归责到吴囡囡头上。囡囡不愿意再搭理,直接丢下怒不可遏的上司,一个人回办公室做另一个游戏去了,上

司怎么叫也叫不住。

回到家后，吴囡囡越想越气，觉得自己倒霉，才遇上一个这么不可理喻的上司。但她也越想越后悔，自己平时在公司的形象就这么毁了。

永远记住！聪明的女人，懒得和上司争论。上级对下级那叫命令，下级对上级那叫建议。命令是必须服从的，即使有人持不同意见，你也必须舍小我成就大我。愚笨的女人才会拿鸡蛋碰石头。

在社交场合中，当你的谈话受到无理的置疑，当你的好意受到误解，当你正兴致勃勃地做事却突然遭遇他人扰乱心情的反驳，你会怎么处理眼前的局面？会怒目相视，还是会浅浅一笑悉听尊便？聪明的女人会选择后者，这样临危不乱的优雅和大度，颇有大家风范。魅力可以打造，优雅可以培养，下面就有三种方法，可以让你平稳心态，表现成熟优雅之风范。

首先，我们应该平和心境，以不变应万变。指责来袭时，考验的何尝不是你做人的态度和处世的修养？女人需要一份素质和修养。面对劈头盖脸的指责，如是你能保持大方的风度，那么在得到众人尊重的同时，就连反驳你的人都会对你刮目相看。一个人的失态往往是因为感情冲动，所以以不变应万变，是保持优雅的王道。

其次，切忌剑拔弩张，不要让唾沫淹没你的优雅。女人很容易有情绪的波动。有时候只要有些话稍微听着不顺心，她就会有豁出去的感觉，不仅与对方口舌相争，还会让不雅的字眼脱口而出。所以在开战之前，我们不妨相互谅解，加强沟通，远离战火。

最后，做个优雅的淑女，礼数不可少。女人一旦改变态度，必然会失去该有的礼数。平心而论，对方提出意见和看法，其实是对你的尊重，你应该表示感谢。只有优雅礼貌地正确对待对方的言论，方能凸显大度，不失礼于人。聪明的女人善于控制自己的感情，不会意气用事，即使面对激烈的指责她也能应对自如，游刃有余。

3.警惕“踢猫效应”

在心理学上，有个术语叫“踢猫效应”，它源自这样一个小故事：

一位董事长因为超速驾驶，结果被警察开了罚单，到了办公室后，他随便找了些理由将销售经理训斥了一番。销售经理挨训之后，又对自己的秘书挑剔了一番。秘书无缘无故被人挑剔，自然是一肚子气，就故意找接线员的茬儿。接线员垂头丧气地回到家，对着自己的儿子大发雷霆。儿子莫名其妙地被父亲痛斥，也很恼火，便将自己家里的猫狠狠地踢了一脚。

情绪跟感冒病毒一样是会传染的。这个术语表明了坏情绪的波及范围，我们能从中深刻地感悟到，坏情绪往往会在一定范围内掩人耳目地以一种迅雷不及掩耳之势的速度传播，并会产生一连串的影响。

人们都说女人是感情动物，因为她们不懂得克制感情，所以会不自觉地成为坏情绪的传递者。通常她们只要对身边的一点小事不满意，就会开始怨天尤人，并把怨恨发泄到别人身上，之后别人又会将情绪发泄给其他人，最后因为愤怒产生的循环报应会重新到了女人们的身上。所以，女人要学会控制自己的情绪，即使生了气也不要随便对身边人发泄，否则不仅摆脱不了坏情绪，还会影响他人的心情。当你所处的环境被抑郁的气氛笼罩时，你的幸福从何而来？

卞霄萱今天特别不高兴，因为自己在公司做文件录入的时候，排版错了一小节文字，狠狠地被老板批评了一顿，而她在公司不好发作，不

然难保老板不会炒自己鱿鱼。因此，从那一刻开始，卞霄萱的心中就憋着一肚子的怨气。

回到家之后，她并没有在厨房见到老公的身影；叫婆婆，婆婆也不理睬她。于是她窝着一肚子火，去厨房做饭。就在她忙忙碌碌之间，婆婆突然从外面走了进来。卞霄萱扯开嗓子叫道："婆婆，您能不能以后帮着洗一下菜，反正您老闲着也是闲着。"谁知婆婆认为媳妇本来就应该做饭，卞霄萱这是在为懒惰找借口，便和她吵了一架。

等到卞霄萱的老公回家后，婆婆正在气头上，劈头盖脸地把儿子说了一顿，说儿子瞎了眼找了这么一个媳妇，让老娘受气。儿子本来就很累了，经此一顿骂，他不仅把怨气发泄在了卞霄萱身上，还因为过于激动，把桌子上刚做好的一锅汤给砸了。而那时卞霄萱就站在餐桌旁，所以被从锅里面溅出的滚烫的汤给烫着了。

女人一定要警惕"踢猫效应"，如果任由自己的情绪随处发泄，虽然能一时得到嘴上的快活，但很可能最后受害的就是自己。所以当你不开心时，不要寄希望于通过把怒气发泄到别人身上，而得到情绪上的暂时缓解。一个人的郁闷，不要发展为两个人的郁闷，一个人的火气，不要点燃一家的战火。

女人比男人更容易接受心理暗示，所以我们就不妨通过心理暗示来告诉自己，在遇到事情的时候先要冷静，然后从另一个角度看问题。女人要学会换位思考，人都不喜欢受气，所以我们应该闭上自己的嘴，想象随意发泄造成的后果会是怎么样，这样你想发脾气也就发不出来了。

严秋姗是一位年轻的妈妈兼白领。周日早上孩子很乖，吃完了早餐，就一个人安静地看电视去了。饭后，严秋姗陪老公去公司财务处处理事情。

到了公司，严秋姗夫妻俩因为对开发票的事情都不是很清楚，就去请教会计，不巧赶上会计打电话。她好像遇到了麻烦事，一脸的不高兴。会计打完电话，便对严秋姗夫妇说："赶紧赶紧说，什么事，我忙得要死。"严秋姗就说了开发票的事情，听罢会计显得更不耐烦："你去找专员问问，我可不知道。"

严秋姗的老公是个暴脾气，哪受得了一个外人对自己这样趾高气昂，正想拍桌子质问，就被严秋姗拉住了。从公司出来，看见老公一脸憋气，严秋姗安慰说："别生气了，这是她的失职，何必拿别人的错误惩罚自己。"

回家开门时，孩子嚷嚷着要吃东西，还没等严秋姗反应过来，丈夫就对孩子发了一通火。孩子吓得哇哇大哭。严秋姗责备老公："干吗把外头受的气撒在孩子身上，真是不可理喻。"

女人天生就是为情绪而生的。情绪高涨的时候，做再枯燥无味的事情她们都能做得热情澎湃，得心应手；而情绪低落的时候，她们会感受到无尽的压力，做再擅长的事情都会力不从心。而情绪像是打哈欠，是会传染的，好心情会传染，坏情绪同样会传染。坏心情，更像是重感冒病人打的一个喷嚏，会令所有的人都感冒。

记住，警惕"踢猫效应"，不要让你的坏情绪坏了你的幸福人生。在人生的航程里，每个人都是不断前行的船只，而情绪无疑就是那船上的帆。当坏情绪来袭，只有我们适时地来调整帆的方向，学会控制自己，才能避免有可能发生的"船毁人亡"。

4.不要让别人的言语激怒你

你常常因为某人的一句责备而情绪失控么？

你常常因为别人的一个小玩笑而怒不可遏么？

你常常因为他人的一句不经意的评价而坐立不安么？

如果你的答案是“是”，恭喜你，你不幸掉进了别人的陷阱中了，你此刻的丑态尽显正是不怀好意的人们想看到的。

聪明的女人懂得以不变应万变。孔子说：“人不知而不愠，不亦君子乎。”意思是说，别人并不了解你，所以会误解你，否定你，随意评价你，可是你不能因此而生气，不能用同样的态度对待别人，做到了这一步，你就能成为“君子”。作为聪明的女人，你应该时刻保持内心的独立和自我的清醒，不被他人的语言所激怒。

付佳涵大学毕业后，在一家大型外贸企业的销售部门任职。在这一年的工作中，付佳涵工作积极努力，待人和善，常常无偿加班。

但是令她苦恼的是，自己如此积极的工作态度却得不到领导的赏识，更得不到同事的认可。特别是同在一个部门的两个女孩小林和玲子，她们似乎总爱和自己针锋相对。付佳涵觉得你有意见就当面说，可恼人的是那两个尖酸刻薄的女孩从来不当面把问题指出来，而是常常在背后向领导打她的小报告，对同事说她的坏话，这让付佳涵难以接受。

吃工作餐的时候，工作的时候，公司聚会的时候，付佳涵都听到过她们散播的流言，也有好心的同事来转告她。刚开始的时候付佳涵并不在意，以为过段时间就好了，不料，这种情况持续了半年，那两个女孩的议论越来越变本加厉了。

一天下班后，付佳涵去那两个女孩办公室取东西，正好撞见她们在议论自己，付佳涵狠狠地瞪了她们一眼，但是她们还是照说不误。她们看付佳涵的眼神，分明有一种挑衅。付佳涵再也忍不住了，把资料摔在了她们脸上，大吼："说够没？"其中一个女孩的眼镜被付佳涵打落在地，碎了。本来散播谣言是那两个女孩的错，现在在光天化日之下，付佳涵公然动手，于情于理都是不对的。

现在公司的闲言碎语又多了一条，"原来付佳涵素质这么低，还动手打人"，这让付佳涵很是苦恼。

面对流言，女人们大可不必在意，枪打出头鸟，这只能说明你很出色，比制造流言、传播流言的人出色。女人们，不要让流言蜚语主宰你的情绪，走自己的路，让别人说去吧。别人的评价，不要看得太重。别人如何看你，不代表你自己的看法，别人的否定也不意味着你的失败，别让他人的想法取代了自己的认识，更不要被别人的言语所激怒，做出失控的行为。

美国心理学家帕翠丝·埃文斯在《不要用爱控制我》中说道："人们评价我们实际上是在假装知道我们的内心世界，是在对我们的精神边界进行攻击。如果接受这些攻击，我们会暂时迷失自我，屈服于别人的控制。当有人评价你时——好像他们就是你一样。注意，他们正在试图控制你。"

林雨雪在求职过程中遇到了最刁钻的面试官，要不是事先参加过学校职业培训，这次面试肯定不会成功。

主考官看见林雨雪简历上写着性格内向，于是就性格挑起了刺儿："你性格过于内向，恐怕与我们的岗位不相配。"

受过训练的林雨雪微笑着回答："据说内向的人往往具有专心致志

锲而不舍的品质，另外我善于倾听，因为我觉得应把发言机会多多地留给别人。”

可主考官仍旧不依不饶。谁都知道大学生没有工作经验，可主考官还是说：“你刚毕业，经历太单纯，而我们需要的是社会经验丰富的人。”

林雨雪微笑着回答：“我确信如我有缘加盟贵公司，将会很快成为社会经验丰富的人，我希望自己有这样一段经历。”

林雨雪学的是英语专业，现在申请的是文案策划，主考官针对此问题说：“你的专业怎么与所应征的职位不对口？”

林雨雪巧妙地回答道：“据说，21世纪最抢手的就是复合型人才，而外行的灵感也许会超过内行，因为我们没有思维定势，没有条条框框。”

最后主考官还不忘提醒林雨雪：“我们需要名牌院校的毕业生，你并非毕业于名牌院校。”

不过这也难不倒冰雪聪明的林雨雪，她面对这样咄咄逼人的主考官，没有生气，没有退缩，反而幽默地说：“我可是听说比尔·盖茨也未毕业于哈佛大学。”

这次面试非常成功，林雨雪被公司录用了。

不计较、不迁怒，便无烦恼。禅宗中有一首诗：“菩提本无树，明镜亦非台，本来无一物，何处惹尘埃。”不去计较得失，不去计较有无，不去计较别人的诽谤，不去计较他人的指责，我们的心自然就会归于安宁，生活就会更加幸福美满。面对他人语言的挑衅，只有愚笨的女人才会在陷阱当中暴跳如雷。

5.不要用情绪化的方式批评别人

你太粗心了,文件都能搞错!

你们的厨师都是吃白饭的么,一道松子鱼都做不好!

你没长眼睛啊踩着我了!

这么简单的数据你都处理不好!

生活中,女人总是容易激动,一旦对方犯了错搞砸了事情,情绪化的女人就会忍不住大发雷霆,大声指责对方。然而,狂风暴雨之后,她可能沮丧地发现对方并未接受自己的善意,而且适得其反。

大声地批评严厉地指责,有时候并非因为对方犯了多大的错误,而是由于自己的情绪失控。即便对方真的不占理,你与其大发雷霆,还不如选择委婉的方式,动之以情晓之以理。记住,当你用一个指头指着对方并指责他的时候,有三个指头是指向自己的。人总是有自尊心的,当着很多人的面被指责,会让对方颜面扫地从而怨恨你,所以用情绪化的方式批评别人,你会给对方留下易怒易躁的印象。

那天晚上,某超市里发生了一场气势汹汹的争吵,引来了许多顾客的驻足观看。争吵的源头是一个中年妇女要求退电磁炉。她态度强硬地说:"我上个月才在你们这儿买的电磁炉,这才多久啊,就坏了。这个电磁炉明显质量不过关!今天你们必须给我换一个新的!"

商场营业员看了看那个已经用得半新半旧电磁炉,耐心解释道:"我们的规定是半个月可以退货,但您已经用了一个多月了,不能退货,但我们可以帮您免费维修。"

这中年妇女完全不听营业员的解释,仍然大吼大嚷,坚持要求退

货，还要挟超市，如果不给退换的话就向消协投诉。

这时，电器专柜的女主管闻声走来。向营业员了解了情况后，为了不使争吵继续下去，女主管温和地对这位情绪激动的妇女说："这个电磁炉已经用了一段时间了，没有大的问题，按规定超过包退日期是不能退的。可是如果你执意要退，那你干脆卖给我好了。"

就在女主管掏钱的时候，那个原本粗暴的中年妇女脸红了，因为这主管完全没有必要为自己的电磁炉埋单。听着周围人的议论，该妇女终于让步不再要求退货，只要求让营业员帮她维修。

卡耐基说："我们用批评和指责的方式，并不能使别人产生永久的改变，反而会引起愤恨。不要责怪别人，要试着了解他们，试着明白他们为什么会那么做，这比批评更有益处，也有意义得多。"每个人总避免不了犯错，在与人相处的时候，我们不妨将心比心，避免把好心情浪费在无尽的指责当中。

在指出别人过错的时候，如果只是一味怒火中烧大加指责的话，只会让局面变得更糟，甚至给对方留下心理阴影。为什么不试着用温和的方式去低调处理呢？也许这样不仅能让对方心怀内疚，还会使他为你的宽容而心存感激。所以当事情发生的时候，请不要急着去指责他人，更不要带着情绪去批评他人。多一分冷静，少一分冲动，以谅解和宽容的心与人相处，你就会得到快乐。

单凡璇是北京一家拍卖公司的外勤部组长，负责安排公司的新闻发布会。在一次发布会上，来了一位面生的记者，单凡璇和招待众多嘉宾一样，热情地招待了那位记者，又是请吃饭又是送礼包。单凡璇很希望这位记者对公司的这次活动给予报道。可是，过了好长时间，单凡璇都没见过这位记者对自己公司的任何报道，认为自己所做的一切都打水漂了。

一次，单凡璇代表公司去参加一个会议，不料又与那位蹭吃蹭喝的记者相遇了。单凡璇气急了，愤怒地责怪对方："怎么没见你发稿？你还有什么可解释的？该吃的吃了，该拿的拿了，可你的文章为什么没写？简直是个白眼狼！"在场的所有人都向这个记者望去，露出了不可思议的眼神。而那位可怜的记者只得灰溜溜地打道回府。

一想到单凡璇让自己在重要场合下不来台面的尴尬场面，这位记者就发誓不给这家公司写任何报道，并暗暗琢磨怎么给这家公司制造些负面新闻。

当对方犯了错搞砸了事情，你千万不要高调地责备，闹得满城风雨人尽皆知。所谓是人三分薄面，不妨给对方留下这微薄的颜面，这既能照顾对方的面子，也能成就一个豁达宽容的自己。聪明的女人深知，如果率直地指出对方的错误，对对方进行情绪化地批评，不但得不到好的效果，还会伤害到对方，使自己成为一个不受欢迎的人。若你的批评对象恰巧是个心胸狭隘的人，更会遭致小人报复，给自己带来无尽的麻烦。

所以，女人们，不要因为别人犯错就急着指责。批评别人的时候，你要同时肯定对方的长处，就事论事，避免评价对方的人格与教养，并试着放慢语气，好言相劝，以柔克刚。

6.生气的理由很多，所以要节省自己的怒气

在生活中，生气和愤怒无处不在：朋友间的反目成仇，夫妻间的吵架争执，下属对领导的抱怨，老板对员工的指责，饭店里顾客因不

满上菜速度的破口大骂，地铁中两个上班族因为踩脚问题大有干架之势……

女人很喜欢生气，生气的理由也有很多，但往往是为了芝麻大的小事。我们不妨试着把每次发火的原因记下来，过一段时间再去翻看的话，你会发现自己幼稚得好笑，因为那些微不足道的小事，完全不值得我们去大动肝火。所以，在即将发火前你应当这样告诫自己：生气的理由很多，如果因琐碎小事发火，纯粹是一种浪费。

听说太平洋商场为庆圣诞迎元旦，全场五折，卢欣欣兴冲冲地跑去买衣服，却没想到发生了一件自己很不高兴的事情。

逛了一天肚子饿了，卢欣欣在路边打算买几串羊肉串垫垫肚子，却发现刚才在商场找回的钱中有一张50元钱是假币。卢欣欣一时气极，怒气冲冲地跑回商店，找商场理论。

卢欣欣将钱扔在柜台，说对方找给自己一张假币，可是柜台小姐说，商场规定离开柜台后的钱币不予调换，因此双方产生了争执，钱也就没有换成。

祸不单行，气呼呼的卢欣欣走在回家的路上时，没注意来往的车辆，差点被一辆电动车撞个正着。卢欣欣对着骑车人远去的背影，大喊：“没长眼睛啊。”

回到家后，卢欣欣一个人躲在房间里生闷气。不过后来她仔细一想，觉得尽管钱是假的，但自己当时没有仔细检查，所以自己也有责任。拿到假币，生气就可以解决问题吗？拿到假币已经很亏了，何必再搭上一肚子的火气呢？自己还差点因为生气走路不看道而被人撞，想想真是不值得。

对自己经过一番开解，卢欣欣的心情没那么糟了。

生气其实是一种毫无意义的自我惩罚，因为那些让你心烦的事情并不会因为你的怒气而发生任何改变。生气是魔鬼,我们无法克制住坏情绪,所以说了些失去理智的话,做了些失去理智的事,结果只会让我们后悔不迭。

“身泰心宁是归处,故乡何独在长安?”女人要学着以平和的心态,来面对周遭的事情,不生气,不轻易动怒,做一个有修养的女人。保持乐观向上的好心情,失意时不生气,处惊不变,去留无意,你才能快快乐乐地生活。

汤雨蓉最近郁闷极了,天天在微博上抱怨自己的狗血生活。

原来上个月起,领导给她布置了一个不可能完成的任务,并且要求她在三个月内完成。汤雨蓉在微博上抱怨:“遇到更年期的领导伤不起,布置这么艰巨的任务。”

后来汤雨蓉负责的这个项目需要和另一个部门合作完成,而和她直接合作的是一个年轻却刁钻的女孩。由于经常在一起讨论,难免会产生一些摩擦,所以每当意见不合,那个女孩就会表现出很不高兴的样子,有时甚至会在办公室对她大发脾气。持续了一段时间后,双方都不怎么愉快,工作效率也没有提升。于是汤雨蓉又在微博上大发脾气:“每一个刁钻的女孩上辈子都是折翼的天使,可为什么让我在这辈子遇见你。”

女人要是经常为小事而斤斤计较,势必会因为小事而受到种种牵制,丧失心灵的自由。让自己的喜怒哀乐随他人和环境而变,实在是太傻。一个成熟而有魅力的女人,是一个掌握得住自己情绪钥匙的女人,她情绪稳定,优雅从容,和她在一起是种享受,一种快乐。

女人们,你们还在傻傻地一个人生闷气么?就像收起过季的衣服一样,收起自己的怒气吧!否则只会让自己活得痛苦和煎熬。我们要学会快乐飘逸地生活,少一点怒气,多一点快乐。如此,人生会因为不生气而到处充满欢声笑语。

7.坏脾气上来了怎么办

很多女人都控制不住自己的情绪:原本一件鸡毛蒜皮的小事,并不值得发火,最后却演变为大动干戈。本来没有什么事情值得悲伤的,但是有的女人却会整整一个星期都沉沦在莫名的伤痛之中;本来只是一次小小的失误,可是有的女人非得把它想象成比天还大的事情,成天忧心忡忡患得患失。

有人说,女人是最情绪化的动物。生活中有很多女人被自己的情绪所累,常常毫无缘由地发火或者悲伤,有时候连她们自己都觉得奇怪。

那么当坏情绪来袭,坏脾气上来时,女人应该怎样对待?首先堵其口,若是堵不住,不妨找一个合适的方式,将抱怨愤怒统统发泄出来。你可以把抱怨写在纸上,向亲人倾诉,或找朋友一起解决问题,也可以找个没人的地方去大声呐喊一吐为快。

梁仪伶是独生女,从小父母宠爱,养成了公主病,常常因为一点点小事就大发脾气。不过,爱情是伟大的,爱情的力量足以改变一个人,包括小公主梁仪伶。现在的梁仪伶爱上了摄影系的一个小伙子。因为男友喜欢知书达理贤惠可爱的女孩,所以梁仪伶发誓为这个自己爱的男孩改掉所有的坏脾气。

那天,梁仪伶穿了刚买的套裙与男友约会,男友夸梁仪伶今天看起来漂亮极了,梁仪伶听了心理甜蜜蜜的。之后于是她和男友去咖啡厅各点了一杯咖啡。但服务员来送咖啡的时候,一不小心把咖啡溅到了梁仪伶的衣服上。看到自己崭新的衣服被弄脏了,想着这衣服今天是第一次穿给男友看，现在却脏兮兮的，梁仪伶马上火了。她突然站起来，在咖啡馆里大声责备服务员的不小心。那名服务员赶忙给她道歉，但是梁仪伶不依不饶，大声地说这件衣服如何如何贵，今天自己才第一次穿。

当时咖啡厅里有很多人，听到这边发生了争吵，大家都把目光投射过来。人们很难相信这样一位穿着优雅的小姐会在大庭广众之下大喊大叫。

而梁仪伶的男友也诧异极了，平时看上去乖巧的梁仪伶居然有这么不理智的一面，真是难以置信。男友尴尬地拉着梁仪伶走出了咖啡店，并开始考虑要不要和梁仪伶继续走下去。

女人有时候会因为控制不住脾气而在大庭广众之下大发雷霆，让自己的情绪完全暴露出来，这其实是非常愚蠢的行为。为什么要毁掉你在人们心中淑女优雅的形象？为什么不顾对方的颜面大发脾气？女人们，为了表现出自己的形象和修养，一定要学会掌控自己的情绪，做情绪的主人。人们喜欢淑女，尊重行为优雅谈吐不凡的女士。所以在坏脾气上来的时候，能克制你就尽量克制，特别是在人多的公众场合。

杜晓亦待人一向温和，脸上总洋溢着笑意。可是由于最近工作压力加大，又年近三十，她变得烦躁易怒，动辄就会对同事和丈夫发火。这让同事对她退避三舍，也让丈夫对其担心不已。

后来，杜晓亦静下心来审视自己的这种不良情绪，第一来自于对自己工作中出现的失误的担心，尽管经理告知她不用担心，但她心里仍对此隐隐不安；第二来自于年龄。

于是，杜晓亦在周末将这些内心的焦虑用语言明确地表达了出来，她还把自己烦恼的根源和担心发生的事情写在了一张纸上。最后她发现，事情并没有那自己想象得那么糟糕。了解自己不良情绪的来源后，杜晓亦开始集中精力，一步步克服那些担忧。对于年龄，杜晓亦明白时

间对于任何人都是公平的，最重要的是让自己保持一颗年轻的心。

于是她把更多的精力放在了工作上，结果，她不仅消除了内心的焦虑，还由于工作出色被委以重任。业余她还常常去游泳，打球，丈夫常说杜晓亦越来越有活力了。

我们不是木头人，不可能不去经历一些情绪的波动，但如果你总是背着沉重的情绪包袱过一种焦躁的生活，就太累了。找一个合适的方法，把自己的不良情绪轻松地处理掉吧，这样你才可以更好地笑对生活。那么，怎样来处理自己的坏脾气呢？很多女人认为，这根本是不可能的，因为脾气就像夏天的云雨，说变就变。下面就有三种方法，可以解决我们的坏脾气。

首先，你可以尝试用把笔当做武器来自我宣泄，把心中的话倾注在纸上。比如，通过写诗、记日记等方式能够有效地宣泄郁积在心头的不平之气，使情绪恢复平静。同时，人们在情绪失衡状态下的感受，是非常有意义的一种体验。

其次，走出屋子，释放坏情绪。有时候，屋子会把人憋坏。当你长期处于一个小屋子里时，心情会很难保持良好。所以，当你想发脾气时，请远离战场。

第三，巧用“想象”。当你想发脾气时，不妨用“想象”化解问题。想象蔚蓝的天空，使自己宁静爽朗；想象辽阔的草原，令自己心旷神怡；想象在海滨漫步，令自己轻松自如。心灵辽阔了，小小的脾气就不足挂齿了。

第三章

舒展眉头，
如果事情无法改变就改变态度

1.不想成为苦命女,就要收起痛苦的想象

幸福女人杨澜的美,来自于其知性的气质,平和的心态,乐观的精神。

杨澜说:“不要总提醒着自己遇到的不幸,要知道在这个世界上有着很多人比你还不幸,只要能够抬头看到阳光就是幸运的,那些生活里的挫折比起一个人的人生,它只不过是一个再小不过的插曲。有些人因为情感或工作上的挫折而让自己陷入一种不幸的思想中,而导致她们会成为悲观的人。”是的,世界上有一种女人自认为是“苦命女”,不管做什么事情都有着恐惧,觉得自己会输,永远得不到成功女神的青睐。

“苦命女”只能博得人们的同情,乐观坚强敢于直面困境的女子则让人钦佩。女人,一定要学会在遭遇挫折时保持从容的微笑。当沉入低谷,我们要做的不是扩大伤口,放大痛苦,纠缠于不幸;而是应该想办法摆脱过去的痛楚,让自己坚强自信起来。所以收起你痛苦的想象吧,世上没有“苦命女”,只有甘愿沦为“苦命女”的心。

在大家心目中,柳怡凌看上去是一个完美的职业女性:聪明、漂亮、有上进心,做事力求完美,唯一的死穴就是爱哭。柳怡凌总是爱幻想,会把一点点的小情况想成大麻烦,她总把自己想象成世界上最倒霉的“苦命女”,常想着想着,就哭了起来。

从小柳怡凌就有一个绰号:哭鼻子女王。升中学时,许多同学给她的毕业留言是:林妹妹,请改掉动不动就哭的毛病。可惜,这么多年了,柳怡凌还是没有变化。

上个月，辛苦设计了一个月的方案，被老板一票否决，柳怡凌伤心极了，她觉得自己搞砸了所有的事情，觉得以后老板再也不会重视自己了。在老板严厉的眼神中，柳怡凌甚至读出了老板打算过几天炒自己鱿鱼的信息。一想到现在严峻的就业形势，自己孤孤单单地去招聘会的场景，柳怡凌忍不住跑进卫生间偷偷掉眼泪。

从卫生间出来的柳怡凌，本以为没人知道自己哭过，可惜花了的睫毛膏将她彻底出卖，对此老板严厉地警告她：将个人情绪带入职场，是很不职业的表现。

人生在世，不如意事十有八九。倘若身在顺境，我们自然求之不得满心欢喜。但身处逆境，当理想与现实出现不可逾越的沟壑，当事业遭到挫败，当感情支离破碎，女人们往往不善于调整自己。

实际上，比我们不幸的人还有许多。我们之所以迷惘、痛苦是因为我们悲观，我们因为眼前的小挫折，而否定了美好的人生和幸福的生活。所以女人们要记住，要想幸福快乐地生活，应该及时调整心态，尽快适应环境，跳出“苦命女”的想象。

影视界永远也不会忘记，曾经有一个女孩，用行动阐释什么是不向命运屈服，什么是坚强，什么是梦想，什么是命运。

1987年，第59届奥斯卡金像奖颁奖仪式在洛杉矶音乐中心灯火辉煌的钱德勒大厅内举行。随着主持人宣布“玛莉·马特琳在《小上帝的孩子》中有出色的表演，获得最佳女主角奖”，全场立刻爆发出经久不息的雷鸣般的掌声。

手握金像的玛莉·马特琳激动不已，似乎有很多话要说，可是人们没有看到她嘴动。她把手举了起来，可这不是向人们挥手致意的姿势，眼尖的人看出她是在向观众打手语：“说心里话，我没有准备发言。此时此刻，我要感谢……”

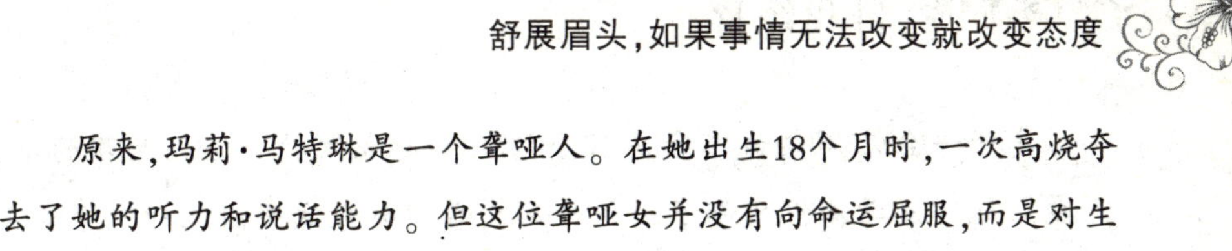

原来，玛莉·马特琳是一个聋哑人。在她出生18个月时，一次高烧夺去了她的听力和说话能力。但这位聋哑女并没有向命运屈服，而是对生活怀抱激情。玛莉·马特琳从小就喜欢表演，8岁时加入了伊利诺州儿童剧院。1985年，女导演兰达·海恩丝决定将舞台剧《小上帝的孩子》拍成电影。可是她一直没有找到女主角——萨拉的扮演者。

最后，她在舞台剧《小上帝的孩子》中发现饰演次要角色的玛莉·马特琳具有高超演技，便立即决定启用她担任女主角。

在电影《小上帝的孩子》中，玛莉·马特琳没有一句台词，全靠极富特色的眼神、表情和动作，揭示主人公的自卑和不屈，消沉和奋斗的内心世界。她表演得惟妙惟肖，令人拍案叫绝，最终一举折桂，成为奥斯卡金像奖颁奖以来最年轻的最佳女主角奖获得者，成为美国电影史上第一个聋哑影后。

我们要做一个掌握自我生命纤绳的女人，要做一个快乐自信的女人，不做“苦命女”，不为明天担忧，不做苦难的想象，快乐幸福地生活。

“奋斗者未必都能成功，但成功者没有一个不经过奋斗。”虽然有时候天还未放晴，前面的道路崎岖不平，但是，我们要相信坚信：命运掌握在自己手中。虽然有失败迷惘和痛苦，但我们已然可以豪气万丈，继续自己的征程。只要有一颗坚强自信的心，全力以赴，锲而不舍，我们就会得到命运的垂青，成为生活的主角。

2.不停地唠叨不会让你更受关注

周末的早晨，阳光明媚，夫妻俩坐在河边钓鱼。

妻子一会儿埋怨好不容易有个周末却用来做钓鱼这种无聊的事，一会儿抱怨最近油价又涨了，一会儿又唠叨办公室里新来的一个同事有好多怪癖。

而丈夫则一直在专心致志地钓鱼，不久就有一条鱼上钩了。

这时，妻子又感慨起鱼儿的命运来："这条鱼怪可怜的，还没来得及享受这美好的周末就快成为美味的午餐了。"

丈夫应和道："是啊。要是它闭上嘴，不就什么事都没有了？"

卡耐基在《人性的弱点》中说："唠叨是爱情的坟墓。"大多数女人都喜欢唠叨，以为自己的唠叨是一种情感的表达，是一种对他人的善意的提醒，有时更是一种关爱。但是，生活的真相是，没有一个上司会重用一个满腹牢骚的女职员，没有一个男人会欣赏唠叨不休的女人，也没有一个年轻人会尊重唠叨女人的意见。所以，没有比一个唠唠叨叨、成天抱怨的女人更让人退避三舍的人了。

记住，一个女人如果要想保持可爱优雅的形象，重要的不是挑选化妆品，不是穿着华丽的衣裳，也不是佩戴昂贵的首饰，而是管住自己的嘴巴。

现在的邵茜琴做着一份无聊枯燥的工作。在一次聚餐中，朋友怂恿她换工作，否则未免太憋屈了。

原来，邵茜琴如今在一家公司做文秘，有相当一部分的工作内容是给客户回复电子邮件。因为客户提出的问题大同小异，所以回复的内容也都差不多。公司甚至为此制定了一个专门的模板，邵茜琴只要按照固定的格式填进不同的抬头和时间就行了。

对朋友的怂恿，邵茜琴说，工作不好找，先干着。

可是果然如朋友们所预料的，做了一段时间，邵茜琴就对自己的工作厌烦了，她感觉这是小学生都会做的事情，实在没有一点技术含量，

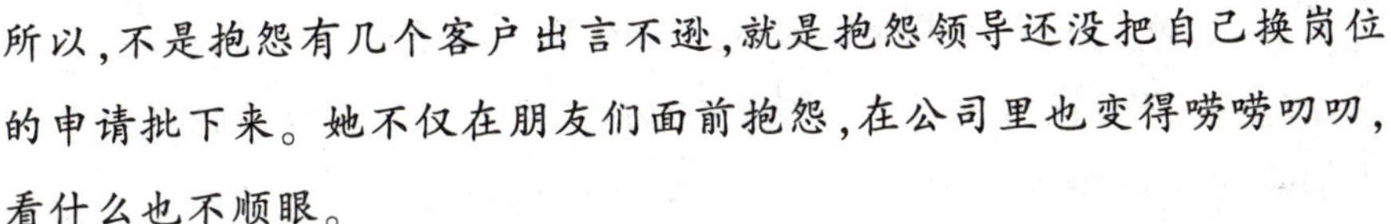

所以，不是抱怨有几个客户出言不逊，就是抱怨领导还没把自己换岗位的申请批下来。她不仅在朋友们面前抱怨，在公司里也变得唠唠叨叨，看什么也不顺眼。

老板曾多次批评邵茜琴这样的工作态度，可是她还是没有停止满腹的牢骚。三个月的试用期还没到，邵茜琴就又在家待业了。

在工作中，女人比男人更习惯用抱怨来发泄自己的不满。虽然有时候，以抱怨的方式把郁积在心中的不良情绪发泄出来，要比闷在心里对健康有利，但是，凡事都有个度，若是你成天对工作满腹牢骚絮絮叨叨，没有哪个客户愿意和你合作，没有哪个同事愿意和你处事，也没有哪个上司愿意提拔你。

同样，在婚姻生活中，原本很多事情都是无须生气的，但是我们常常看见一些女人为一些鸡毛蒜皮的小事紧绷着脸，把甜蜜的爱情抱怨成怨恨，把生活中的小情趣唠叨成聒噪和烦躁。

有许多男人垂头丧气，没有斗志，为什么？原来每一个失败男人的背后都有一个唠叨的女人，他们的妻子会打击他们的每一个想法和希望。她会无休止地长吁短叹感慨万千：为什么你不像小林的老公一样下海经商？别人都升了职，为什么你却得不到一个好职位？你看邻居老王又会赚钱又会生活……拥有一位这样的妻子，实在是男人的大不幸。

童之瑶觉得天都塌下来了，结婚三年的丈夫吴靖鸣居然会背叛自己。就在上个月她颤抖着在离婚协议上签了字。

后来童之瑶在朋友们口中得知，自己的前夫和自己离婚的原因很简单，不是想寻求婚外情的刺激也不是不再爱自己，而是他再也受不了自己的唠叨了。

吴靖鸣原来是一名推销员，每天都会充满热情工作，因为他对自己的产品很有信心。回到家里，他总是满心希望得到妻子童之瑶的鼓励，

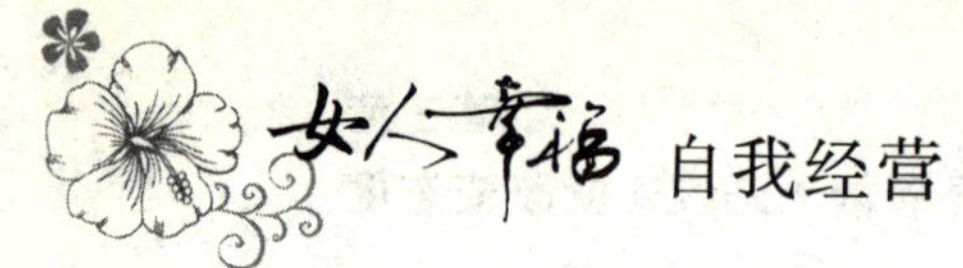

但是，迎接他的常是一番冷嘲恶讽："今天的生意怎么样？是不是又带回来经理的一顿训话？有没有签单？我想你应该知道马上就要付房租了。"当吴靖鸣兴冲冲地向妻子述说自己的工作业绩时，童之瑶总是不屑一顾；当他向妻子诉说工作中的不顺时，童之瑶不仅不搭理，还自顾自地唠叨生活中芝麻绿豆的小事。

这让吴靖鸣难以忍受，他说，在这种不停的嘲笑和打击下，自己渐渐没有了勇气，最可怕的是，他的信心已经被妻子腐蚀掉了，这就像一块石头最终会被不停滴落的水珠侵蚀一样。

你是不是一个爱唠叨的女人？问问你的丈夫吧。一句话你是否重复过三遍？一个问题你是否纠结了三天？如果答案是"是"，那么请你理智远离唠叨，保卫爱情和婚姻。

聪明的妻子只会称赞丈夫，鼓励丈夫。无意间，在妻子的称赞和鼓励下，丈夫就会表现出超凡的能力。所以，生活中，女人们不妨少点唠叨，多点"你真了不起""亲爱的，我为你感到骄傲""和你在一起真是幸福""真棒，我当初真是慧眼识英雄"之类的赞美，如此，几乎所有的男人都会心花怒放，并为你这样的称赞而努力。

如果一个女人刚刚结婚，就成天唠叨自己的丈夫："什么时候给我买身漂亮的行头""你什么时候才能升职加薪""什么时候我们换一套大房子""什么时候换辆舒适一点的车"……那么当你四十岁时，一定会修炼成一名不可救药的埋怨专家，而你原本可以很优秀的丈夫多半会被你唠叨成一个灰头灰脸的平庸男人。

3.不要逢人就诉说你的困难和遭遇

生活中有不少的烦心事：被糟糕的天气困扰，股市大跌投资打水漂，孩子调皮不听话，父母年纪大了常生病，升职遥遥无期，在公交车上被挤……于是有人在抱怨中修炼成了现代版的“祥林嫂”，他们不断地向身边所有的人诉说自己的困难和遭遇，整天唠唠叨叨，看什么事都不顺眼，不是抱怨这个就是埋汰那个。

如果你遇到这样的人会怎么样？或许你会给他一些忠告，可是“祥林嫂”听了之后还是絮絮叨叨抱怨自己坎坷的命运。最后埋怨多了，朋友会在心里说：“天呐，这个人太烦了。”

聪明的女人，会克制住自己，即便遇到再不幸的境遇，也不会把自己的困难和痛苦像发传单一样地诉诸于他人，而会选择耐心等待和煎熬。女人要找出自己痛苦的原因，学会去摆脱它，让自己重新站起来。如此才能摆脱逆境，追求到幸福。

朋友们认为，卫丛佳简直是一个“淡定姐”：什么事情都不会让她的内心有一丝的的暗流汹涌。

卫丛佳和先生是大学同学，那时，朋友们都说卫丛佳有慧眼，看出了自己丈夫是“潜力股”。后来因为先生事业有成，卫丛佳便安心在家做全职太太，相夫教子。不过，俗话说的“男人有钱就变坏”，真是不变的定律，自从两年前撞破先生的婚外情，到如今，卫丛佳一直都很冷静，不吵不闹，坚定地做自己该做的事。

卫丛佳在朋友那里也并不常提起自己的不幸遭遇。她觉得，如果找朋友的目的仅仅是说那些不愉快的事情，就太自私了。所以她只对她们

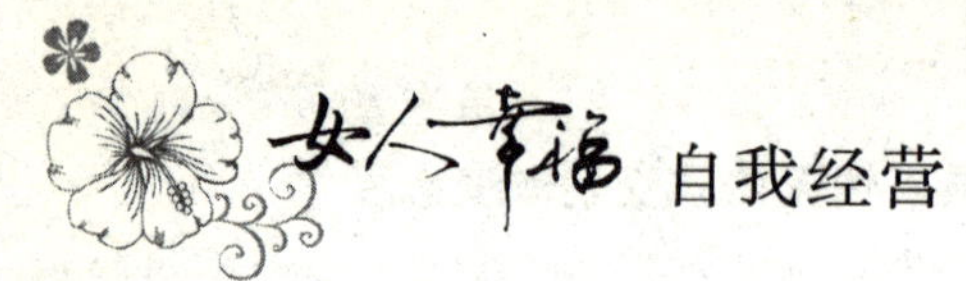

说快乐的事，如此她渐渐地走出了婚姻不幸的阴影。朋友们都钦佩她内心的坚定。

后来，卫丛佳静下心来反思自己，认为自己在婚姻中迷失了自我。于是，她决心去找寻自己。卫丛佳开始准备外语考试，计划到国外学习，继续年轻时候未完成的梦想。

最后在朋友们还在当相夫教子的家庭主妇时，卫丛佳踏上了留学之路，让朋友们歆慕不已。自从卫丛佳出国以后，朋友圈子里就开始流传着“淡定姐”留学的传说。

女人都是感性动物，遇到困难和压力，喜欢用倾诉的方式排解掉一些心理压力，事实证明这种方法是有效可行的。但请记住，凡事都有个度，过犹不及。你若是不区分对象地无节制抱怨和投诉不但不能解决问题，还会使局面更糟糕。

不断地唠叨和倾诉，只会显出你的肤浅急躁，会使人觉得你幼稚不够成熟。而过多的诉说和抱怨，还会影响他人的心情，引起他人的反感，敢问，谁愿意为你的不良情绪埋单？一个不能够妥善处理自己情绪的人，如何让别人轻松地与她相处呢？

周萌琪在大学时爱过一个男生。这个男生擅长乐器、喜欢文学，是一个非常浪漫的人，却对她不忠诚。

周遭的朋友都劝周萌琪尽快与男朋友分手，但她却叹着气说自己实在是放不下。最终，这个花心男人先向她提出了分手。伤心的周萌琪整天在朋友面前诉说自己的苦痛，在论坛上申诉那个负心汉陈世美般的罪行。

毕业后，周萌琪在一家小型物流公司工作。虽然对自己的工作不是很满意，但她总以“竞争激烈”为由，不积极争取自己喜欢的职位。那时一见到朋友，她就会感叹自己既没有男人缘也没有事业运，久而久之，

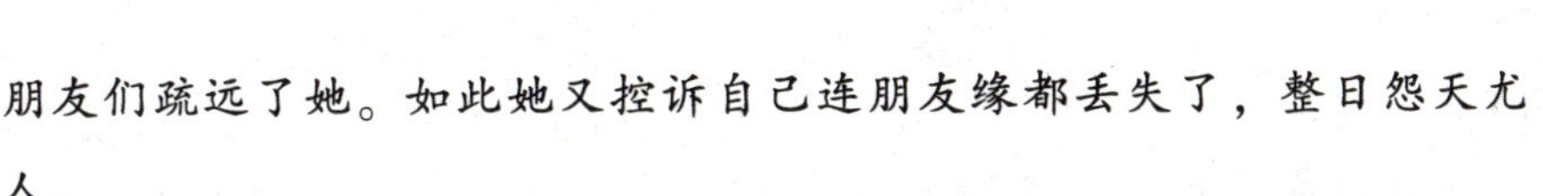

朋友们疏远了她。如此她又控诉自己连朋友缘都丢失了，整日怨天尤人。

生活中，我们时常会遇见一些倒霉事：恋爱时遇到一个差劲的对象，工作时踩到一份处处地雷的工作……当事情发生，我们不能一味埋怨。怨天尤人，不仅会让自己在悲剧的沼泽中越陷越深，还会让朋友对你退避三舍。当你发现自己开始抱怨的时候，该怎么办？首先，当你意识到自己在向周围的人诉说所遭遇的困境并作无谓地抱怨时，请第一时间停止抱怨；接下来，你要想想自己为什么要抱怨，自己你所遇到的这件事是否可以挽回？如果可以，那第三步就是找出对应的方法，尽力挽回。若是无能为力，你再如何为它懊恼和生气也是徒劳无功，过去的就让它过去吧！

所以，当你有了不如意时，不要去做祥林嫂，要记得去优雅地对待，做一个内心坚定的的女人。无论你的角色怎么改变，无论你是在家里还是在朋友和同事面前，内心坚韧不怨天尤人的态度，会让你成为一个优雅、有气质、有亲和力的人，让人尊敬你、喜欢你。

4.永远不做职场“怨妇”

“今天的策划烦死了，改了三遍老总还是不满意”“领导真是挑刺，项目好不容易拿下了还说不够及时”“新来的同事真是会讨人喜欢，几个月就爬上了总经理助理的位置”……女人在生活中容易情绪化，容易抱怨，不幸的是，有些女人会把抱怨带进职场，带到办公室，成为一名职场中的“深宫怨妇”。既然你都成“怨妇”了，就休怪上司把你打入“冷宫”

了。

心智成熟的女人,知道什么时候该忍耐和宽容。抱怨只会让你丢掉自尊,破坏你的形象,让你在别人心目中留下的气质修养荡然无存。女人如水,是温柔的,是善于转化现状的,不应像火一样的暴躁。女人一旦失去自制力,不良情绪就会如洪水猛兽般将其无情地吞噬。面对让你抓狂崩溃的事情,不妨调整心态,不抱怨不诉苦,努力把自己修炼成百折不挠的职场达人,体现出自己的教养和气质,不做职场的怨妇。

潘燕秋曾经是一个女强人,工作比丈夫好,薪水比丈夫高,是家里的一把手。可是最近这位一把手开始整天抱怨,情绪低落。

虽然潘燕秋是一家大型外资企业的白领, 但是最近总部频频传来的裁员消息让她失去了往日的自信,每天都过得战战兢兢:孩子快上初中了,还有4位老人要照顾。自己怎么能失业?就凭丈夫这么点工资,怎么生活?潘秋燕在同事面前抱怨着。

去年,她拿出一些积蓄入了股市,没想股票暴跌,资金都被套牢了。潘秋燕告诫同事们千万别涉足股市,水太深了,搞不好就会倾家荡产。

上个月,“近期业务不景气可能要裁员”的传言又在同事间流传,潘秋燕也越加焦虑,每天担心害怕,怨天尤人,工作效率直线下降,不断出错,被老总批评了好几次。同事们都担心,潘燕秋再这么下去,会不幸被裁了。

女人要记得,职场并不是一个可以任性的地方,同事和老板不是你的家人,没必要包容你的抱怨。不停地抱怨和唠叨,只会让你在办公室中的人气直线下降。想一想, 自己是不是因为有些时候的坏脾气和计较,破坏了在同事们心中自尊和优雅的形象,变成一个十足的怨妇?

既然事情已成定局,努力之后仍改变不了现状,那何不学习转换心态?不要再耿耿于怀,不要再沮丧,不要再抱怨,接受现状,把现在作为

一个新的起点吧。给那些不友好的人和不友好的环境一个善意的微笑,既能让自己保持冷静的心态,又能让自己成为一个内心强大而坚定的女人。忍耐不是怯懦,而是一种以退为进的方式,所以,女人们,请放下理直气壮的抱怨。

杨澜是家喻户晓的主持人,也是著名的文化商业人士。她于1990年成为中央电视台《正大综艺》的节目主持人,四年后她辞去主持工作远赴美国留学深造,在1998年成立了“杨澜工作室”,在2000年创立了“阳光卫视”,2001年出任北京申奥形象大使,曾被福布斯评为中国最富有女性并做为封面人物。

拥有多项华彩光环的杨澜在外人看来是个绝对完美的幸福女人:漂亮大方、知性优雅,有自己的事业,嫁给了一个好老公,拥有了好儿女。她的人生之路似乎一直铺满鲜花与荣耀,她的幸运似乎是天生的。但其实她在生活中也遭遇过很多坎坷。

在创立阳光卫视的过程中,杨澜经历了人生里最大的挫败:阳光卫视自创立以来持续亏损达两亿港币。坚持“绝不放弃”的她,在大方向判断有误时,发现越努力付出只会越痛苦。在接近三年的时间里,她每天工作16个小时,甚至怀孕了还坐在谈判桌上跟人谈判,她曾称自己在商场像战士一样坚持着。可是,公司仍然持续亏损下去。有时候在外出的途中杨澜会出神地想:“这种事是别人没办法帮我解决的,而且还要养活那么多人,沉甸甸的责任感是更大的压力。”

彷徨无助的杨澜,只能找丈夫彻夜长谈。一个个惊心动魄的长夜过去,杨澜渐渐战胜了自己的感情,原本执著的她学会了接受现实——接受失败。杨澜没有怨天尤人,抱怨命运不公,而是将阳光卫视出售,使阳光卫视有了更好的出路。而她也腾出手来进行其他的工作,给了自己一条出路。

大家眼中的杨澜,是一个优雅动人、自信阳光的女人。但是我们也要看到，即使优秀如她，背后也有挫折和挣扎。所幸的是面对痛苦的煎熬，杨澜不抱怨，不气馁，而是接受现实，学会放手，接受失败，重新开始。

职场中有升迁也有下调，有成功也又失败，有辉煌也有暗淡，我们千万不要抱怨，而要学会平静地接受现实。在接受现实的过程中，你若能冷静地分析自己所面对的“惨淡的现状”，不抱怨，不情绪化，不使小性子，做到理智客观地思考，便会发现一切并没有那么糟糕。所谓职场，不过一碗饭，不过一转念。不论你的现状如何，遭遇了什么，内心都应该是盛开鲜花的广场，乐观而通达。这样，你在职场上才从容优雅，步步高升。

5.过去的苦药片，不要放在嘴里反复咀嚼

或许你曾被人骗得倾家荡产，或许你曾被人诬陷中伤，或许曾有一份感情把你折磨得遍体鳞伤，或许你经历过天灾人祸失去了所有……现实生活并不如我们想象的那么完美。

但是，女人们请记住，人生就像一面镜子，如果你只是坐在失意悲观的人生里哭泣，那么人生也只能以哭泣回应你。其实想想，我们未曾失去所有，因为天下没有过不去的坎儿，明日的太阳还是会从东方冉冉升起。过去的苦药片，就不要放在嘴里反复咀嚼了；过去的伤痛，就不要再回味了。

上帝关上一扇门的时候，肯定不忘给我们打开一扇窗。你若失去了一份不成熟的感情，就必然能够找到另一双更宽厚温热的手；你若是失

去一些你珍惜的人，今后必然能找到另一个能够接纳你关爱你的怀抱。要知道，不论失去什么，你都还拥有自己。只要你还有希望，还有健康的身体，还有跳动的心脏，就会拥有更多，就有更美好的生活在等着自己，不是么？

人们都说，付萍韵一直是个幸福的女人。结婚两年，女儿1岁，有稳定的工作和非常恩爱的家庭。付萍韵的丈夫是一个乐观善良的男人，不管是家庭还是事业，他总能安排得妥妥当当。

然而“天有不测风云，人有旦夕祸福”，丈夫在车祸中身亡的消息来得如此突然。当人们告诉付萍韵她丈夫出事的时候，她几乎没能反应过来。之后，丧葬、赔偿、工作、孩子还有家，所有的一切好像在一瞬间全部落到了付萍韵的肩上，不了解生活疾苦的付萍韵一下子崩溃了。

没有依靠，没有希望，一切都完了。对生活的绝望令付萍韵变得暴躁，怨气冲天，这令这个家更加愁云惨雾。公婆老年丧子，心中极度悲痛，身体一下子垮了，住进了医院。付萍韵下了班要家中医院两头跑，心情极度忧郁。

一天，付萍韵带着女儿到公园玩，女儿跑前跑后，付萍韵麻木地站在一旁看。这时，有位带着孩子的老太太上前与付萍韵打招呼：“你也带孙女出来玩呀？”付萍韵吃了一惊：“孙女？”自己刚30出头，怎么会有孙女。大惊之下，付萍韵跑到公园的公共厕所照镜子，镜子倒映出一个脸色苍白、头发蓬乱、眼皮浮肿的老女人，付萍韵惊恐地叫道：“天啊，这竟然是我。”

付萍韵急忙拉着女儿回家，谁知女儿不肯走。她火冒三丈，举手就想打女儿。谁知女儿不但不哭，反而大声说：“打吧打吧，打死我吧，我不想活了。”付萍韵愣住了，这话的声调和语气，分明像自己平日常在她面前抱怨的样子！

那天晚上，付萍韵躺在床上久久睡不着，她觉得这段时间自己的伤心绝望和自暴自弃导致的言语偏激以及行为失控，已经深深地影响了女儿，对女儿的心灵造成了巨大的影响。那个夜晚，付萍韵暗暗下定决心，为了孩子和自己的将来，她要开始新的生活，不再让自己沉沦于痛苦绝望中不能自拔。既然日子是开心要过，不开心也要过，何不笑着面对生活。

从这以后，付萍韵在家中总是会多讲些有趣的话题，让老人和孩子感到开心。白天付萍韵开始全身心投入工作，晚上常在家玩玩电脑或陪孩子做做游戏。一段时间后，朋友同事都说付萍韵比以前年轻了，走起路来都变得精神抖擞。每到周末，付萍韵都会和朋友们相约一起去打乒乓球；每有假期，付萍韵会背上旅行包带着孩子出去旅游。充实的生活让付萍韵根本没有时间长吁短叹。

“在失望的日子里要振作，只要不断种植希望，终会有新的美好来临。实践中你会发现，生活对你并不吝啬。”这一段话，让付萍韵重新振作起来，并再次发现了生活中的美好。

歌德夫人说：“我之所以高兴，是因为我心中的明灯没有熄灭。道路虽然艰难，但我却不停地求索我生命细小的快乐。如果门太矮，我会弯下腰；如果我可以挪开前进路上的绊脚石，我就会去主动挪开；如果石头太重，我可以换一条路走。我在每天的生活中都可以找到高兴事。信仰使我能够以一种快乐的心态面对事物。”

我们知道，悔恨和悲痛，几乎都是无益的。再也没有什么情绪比悲伤更让女人老得快了。悲伤会迅速摧毁女人美丽的容颜，让女人的脸色变得难看，神态变得灰暗，长出深深的皱纹。女人们要记住：哭，是对生活的冷漠和失望；笑，是对生活的热爱和向往。带着过去伤痛的目光去看待现在的生活，纵然在盛夏也不会感到温暖；而怀着火热的激情和美好的希望去生活，即使在严冬也不会觉得寒冷。

东方冉冉升起的太阳，代表着新的一天开始了。不管曾经发生过什

么，有过怎样的伤痛，它都已经是永恒的印记，永远不会再回来。所以，今天的你是否应该丢掉昨天的痛苦，是否应该学会为自己绽放一个阳光般的笑容，给自己一份美丽心情和美丽的期盼，然后开始新的生活？

6.舒展你的眉头，没有什么大不了的事

我的心脏好难受，是不是得心脏病了？策划搞砸了，不会影响到年底的奖金？如果我的丈夫有外遇，我该怎么办？如果我的女儿读的是普通大学，是不是没前途了？如果付了首付，我们能不能按期支付房贷……生活中，女人总会感到不安和恐惧。这些感觉会产生消极的思想，关系到将来可能发生的事。其实一切都还没有发生，所有的结局不过是我们的胡思乱想。忧虑的人活在悲惨的未来，他们会花很多时间考虑将来可能会发生的事，然后为最坏的结果担惊受怕。其实，为尚未发生的事情担忧，是很愚笨的做法。

高尔基说："忧愁像磨盘似的，把生活中所有美好的、光明的一切和生活的幻想所赋予的一切，都碾成枯燥、单调而又刺鼻的烟。"是的，忧虑使人精神沮丧，身心疲惫。那些忧心忡忡的女人，整日愁眉苦脸，唉声叹气，死气沉沉，生活对她们来说，简直就是一种折磨。

在人们眼中，蔡雨安的生活可以说是无忧无虑，但大家很奇怪：为什么蔡雨安就得了忧虑症，并多次有轻生倾向？雨安是个独生女，从小家里宠着，直到现在为人妻为人母，也没有经历过什么太大的风浪。但是因为性格的原因，她整天忧心忡忡，皱着眉头，为家里的人担心。日久天长，雨安竟长成了一副苦瓜脸。

相比起来，雨安的一位朋友晓梅就坚强乐观多了。晓梅在早年经历了丧夫之痛，但是她乐观坚强地挺了过来。她说："人活着就算有再大的坎，也总是能过去的。"

不幸的是，三年前，晓梅被确诊患上了癌症。在家人都愁眉不展的时候，晓梅说："我要努力配合治疗。治好了最好，治不好，我活着也要开开心心。再说，没发生的事，谁能说得准呢？"经过精心的治疗和修养，几年后，乐观开朗的晓梅战胜了病魔，用自己的笑脸感染了周围的人。

而蔡雨安永远也想不明白经历过这么多苦难的晓梅怎么生活得这么快乐，她说："我要是遭受她那样的事情，怕是早经受不住了。"

在生命的旅途中，时而有迷雾，布满我们的心房；时而有绊脚石，将我们狠狠地绊倒；时而有狂风暴雨，让我们狼狈不堪。作为敏感细腻的女人，生活中总有许多事情影响着我们的情绪，让我们出现心理上的低潮，并且这也让我们提前进入了"更年期"，让幸福生活从此与我们说"再见"。

美国有关数据表明，全美共有1900万成年人长期受过度忧虑的煎熬，其中大部分是女性，女性的生理结构决定她们更容易出现忧虑。人一旦过度忧虑，就会对未知事物产生极度恐慌的情绪，把事情往最坏的方面去设想，而这些事情大部分是不会发生。

阮文怡现在40岁了，是一位乐观优雅的知性女人。在一个读书交流会上，和新交的朋友谈及17年前那一场变故时，阮文怡说："那简直是一个噩梦。"

那年，阮文怡才23岁，可是医生却确诊她得了重症肌无力，这对她的人生是一次生死考验。病痛折磨着阮文怡，虽然刚刚欢喜地晋升为母亲，但她却没有力气抱起自己的儿子。治疗时，西药的副作用使她瞳孔缩小，全身出汗，胃受到极大刺激。而一年100多服中药的副作用导致她

的牙齿开始松动。

幸运的是两年后，阮文怡终于在家人的爱与支持下从病痛的阴影里走了出来。这场大病留给她的是900多度的近视，以及对生活和生命的重新思考。

病痛中，阮文怡迷上了励志类书籍《不生气的智慧》《心灵瑜伽》《充实内心活在当下》……一本一本看下来，阮文怡发现自己心胸越来越宽广了，更能反思自己了。阮文怡知道，没有过不去的病痛，苦难没什么大不了，只要舒展自己的眉头，心路自然就宽了。

前几年因为喜欢古琴，阮文怡报了古琴班。上高中的儿子鼓励道："妈妈我相信你，你一定能学好。"因为弹古琴，阮文怡认识了一批喜欢品茶、弹琴的朋友，只要时间允许，她们就会聚在一起，谈天说地，畅所欲言。

现在，阮文怡每天下午做好饭，便会用闲暇的时光弹琴，做瑜伽，品茶，读书，享受快乐的生活。

你大可不必为明天忧虑，因为明天还有明天的担忧。就算生活中有苦难和挫折，你也要用乐观积极的心态去看待生活，感谢生活，而不是去抱怨生活，更不是为未知的明天而担忧。生活不止是油盐酱醋，一个聪明的女人除了专注于工作和家庭之外，还要经常和朋友相聚，因为朋友可以带给我们爱人所不能给予的快乐。在闲暇之余，我们可以远离厨房，出去感受自然，聆听音乐，阅读书籍……做一个内心充盈的女人，不皱眉，不担忧。

爱自己，去感受生活中美好的一面，你就能在纷繁的人生中保持一颗宁静而快乐的心。女人应该学着放下悲伤的过去，放下臆想中的悲惨未来，享受今天美好的阳光，努力解决现在的问题。

7.给苦难和困境一个优雅的微笑

国外一本关于女性形象塑造的书中收集了几十位不同年龄层次的女性的照片，其中有年迈的，也有年轻的，有天生丽质的，也有“天生励志”的。但让人们感触颇深的是，每张照片中的女人都神采奕奕，她们真诚的笑容打动并感染着每个读者。微笑是世界上最美丽定动人的表情，因为微笑总能带来幸福，让我们即便在艰难困苦当中，也能看到希望，获得勇气。

人生未必都是坦途，也许你正在经历着人生不可承受之痛。或许你失恋了，曾经爱得死去活来的男友背弃了你们当时的诺言；或许你痛失至亲，突然的变故让你无所依靠；或许你身患重疾，失去了健康；或许你婚姻失败，家庭破裂……当你面对这些失去时，请不要悲痛欲绝，不要觉得自己失去了所有，留给苦难和困境一个优雅的微笑吧，至少你还拥有自己，还有希望。

田美瑜怎么也没有想到自己的男友会离开自己，难道他忘了曾经的诺言了吗？难道他忘记当初的美好了吗？难道自己付出得还不够多吗？难道自己真的比不上那个女孩吗？

持续了五年的爱情长跑停了下来，理想中的幸福生活变成了泡影，背叛和抛弃让田美瑜失去了感情依托，她开始整夜整夜地落泪。渐渐地，田美瑜对自身的价值和爱的能力产生了重大怀疑。

朋友晓青得知此事后赶来看田美瑜，但她没有骂那个负心人，也没有软语安慰田美瑜。晓青只是把田美瑜从屋子里拉出来好好打扮了一

番，带着她去看了她的父母，带着她参加新老朋友的聚会，还带着她看了一场她非常喜欢的画家的画展，带着她去学游泳。

时间渐渐过去，田美瑜从伤痛中走了出来，脸上渐渐写满了微笑。她突然发现，原来自己的生活也可以这么精彩。她还有至爱的亲人，还有一帮真心对她的好友，自己有时间去做一直喜欢却没有机会做的事情。充满着自信的田美瑜变得更加开朗漂亮，当不知情的人问及田美瑜感情生活的时候，田美瑜甚至能坦言自己曾经的伤痛，她微笑着说："曾经遇到过一个陈世美，不过现在早已经过去啦，生活还在继续。"

面对失去，面对困境，我们要学会坦然地面对，放下悲痛和担忧，不沉溺于已经不存在的东西之中。与其为已经失去的懊恼痛苦，不如笑一笑，在乐观的心态中争取新的未来。失去是另一种全新的开始，苦难和困境只是幸福到来之前的磨难。女人们，让我们直面失去，让心胸变得更豁达，目光变得更长远，微笑变得更灿烂。

一旦你学会了微笑，就会惊奇地发现，生活原来可以变得简单轻松，而你所处的环境也会因你的一个微笑而阴霾散尽，雨过天晴。

刘若英是知性女人的代表，人们都亲切地叫她"奶茶"，她淡定安然的气质和婉转的歌声深入人心，而扎实的演技更是征服了所有的人。刘若英虽然现在是炙手可热的大明星，但是，在鲜花和掌声的背后都是汗水，她在出道之前也曾经历过人生的低谷。

刘若英曾经在唱片公司做过三年的小助理。助理的工作很辛苦，也很琐碎，背吉他、买盒饭、打扫卫生等杂活都要做。一次，刘若英在回忆时直言不讳："当时真的很辛苦，也常常身上没有半毛钱。有一天半夜要回家，却发现身上没钱坐车回家，只好拿着提款卡去取钱，第一次按五百元显示'余额不足'；第二次按一百元还是一样的命运。最后才发现自己的总财产只有九十七元。"在最艰难的时候，她甚至连吃盒饭的钱都没有。可是，面对苦难和困境，刘若英没有悲伤，更没有气馁，而是一如既往地笑对生活。

刘若英说："正是那些人生和事业的低谷，更让我懂得珍惜自己要面对的每一部戏和每一首歌。每一道伤痕都是我的一种骄傲。"

遇到挫折时，微笑是成功的起点。在困境中，微笑给予我们无尽的勇气；在受伤时，微笑让人变得快乐而坚强。微笑是女人最好的化妆品，微笑是上帝赐给人类最贵重的礼物。无论何时何地，无论遇到什么事情，微笑都具有神奇的魔力，一个简单的微笑就能让你有勇气直面惨淡的人生。

一个乐观坚强敢于笑对生活的女子最具魅力。一个女人，一定要学会在遭遇挫折的时候微笑，毕竟，人生一世，谁没有起起落落？当事业沉入低谷，当感情灰飞烟灭，当生活支离破碎，我们应该做的不是扩大伤口，徒增伤痛，怨天尤人，沦陷于种种的不幸，而是变失意悲观为乐观向上，走出困境重新追求美好的生活。当你留给苦难和困境的是一个优雅的微笑，而不是撕心裂肺的哭泣的时候，你会发现，挫折在变小，困境在远离，困难在消逝，生活呈现出了美好的容貌。

第四章

美人无瑕，
女人的精致源于细节

1.拒绝油腻,让你的头发保持干净清爽

生活中你有没有遇到过这样的情景:有这么一个姑娘,穿得神清气爽,化着无懈可击的妆,却顶着一头油得锃光可鉴,腻得可以炒菜的头发?当她从你面前飘飘然经过时,你是不是有冲动一把拽住她说:“姐们儿,我请你去洗头吧。”

女人做到这一步就很失败了。我们不是混血王子斯内普教授,将头发油腻叫艺术;我们也是不是易先生,把油光照人叫性格。我们只是平常女子,所以头发油腻就是邋遢。

侯慕凝是一个大大咧咧的女孩,甚至有点邋遢,在朋友们好心提出这一点的时候,她常美其名曰:“那叫不拘小节,是真名士自风流。”

有一次侯慕凝还在被窝里上网,男友就在楼下喊她去吃饭了,这是她第一次和男友的朋友一起吃饭。侯慕凝一改平常的穿衣风格,穿了一身漂亮的裙子。可是她已经四五天没洗头了,头发油腻腻的,正在考虑要不要洗头的时候,男友在楼下催了。侯慕凝一想:不就是不洗头嘛,我扎起来,别人不就看不出来了?

当侯慕凝挽着男友的手走进包间时,朋友们都在了,于是两人刚坐下,就开始吃饭了。房间里灯光明亮,侯慕凝觉得有几个女性朋友的目光有点怪异,时不时朝自己的头发看,于是她借故跑去卫生间查看,发现自己的头发的在明亮的灯光下油光可鉴,更有不少头皮屑散落发间,最糟糕的是,油腻腻的齐刘海软塌塌,像个讨厌的锅盖儿趴在自己的额头上。当时侯慕凝恨不得立刻跑去理发店去洗头发。

从那次给男友丢脸以后,侯慕凝再也不敢怠慢生活的细节了。

一个女人的形象工程应从头开始,要是她连自己的头发都打理不干净,还能奢求她能打理什么呢?我们生存的环境并不干净,灰尘、粉尘等各种微生物无时无刻不在侵袭着我们的秀发。一天忙碌下来,不知有多少脏东西“安家落户”在头发和头皮上。如果你还是发胶、摩丝的忠实拥护者,不好意思,你的头发已经成为了藏污纳垢的好地方。

有调查研究表表明,欧美发达国家人均每周洗发6.4次,日本人均每周洗发5.3次,香港人均每周洗发7次,菲律宾人均每周洗发7.3次,而中国城镇居民人均每周洗头只有2.5次。所以经常给头发洗洗澡吧,即使不能使自己的头发飘逸动人,也要保证它的清爽干净。经常洗发不仅能减少头发受损的机会、控制头皮屑,更能令头发健康亮丽强壮。

头皮屑也是美丽秀发的一大杀手。头皮出油旺盛,不仅会使头发看起来油腻没精神,更会使皮脂阻塞毛囊,造成头皮屑。所以洗去头发上多余的油脂,是控制头皮屑产生的根本方法。

要想去头屑,首先要勤洗头,其次要注意洗头的水,很多人以为用热水洗头可去油脂,事后用冷水冲更可收缩毛孔,保持头发干爽。的确,热水较易去污,但它会刺激头皮,在洗去油脂的同时会令头皮自动分泌更多的油分,你若再用冷水冲洗,反而会使油分停留在头皮层上,所以洗头时应用温水。

可是为什么有时候我们每天都洗头,头发怎么还是很油腻?原因是你用错了方法,所以洗再多次也是徒劳无功。好的洗发液,固然可以达到清爽效果,但是如果方式不对,再好的产品也消除不了你的油头。现在就来检察你的洗头方法正不正确吧:

步骤一:若是头发油腻情况严重,或用了定型产品,不妨先给头发卸妆:滴几滴卸妆油在头上,用手轻轻按摩,这样头皮底层的废旧皮质就会被溶化。

步骤二:用宽齿梳子将头发理顺。先梳发梢,然后从发根梳至发梢。

步骤三:用头皮测试令自己感觉最舒服的水温。洗头时发根到发尾的每一根头发,都要彻底淋湿。

步骤四:洗头时,洗发液要分布在头发的前中后部,避免洗发液集中在某一处不好推匀。我们用整只手掌揉搓头皮,从而快速搓出柔细的泡沫。

步骤五:指甲会抓伤头皮,所以要用指腹加强按摩。

步骤六:要用梳子将脏污泡沫梳至发尾。

步骤七:将洗发液冲干净。你可以用手指顺过头发,从而将内侧的头发冲干净。

步骤八:把头发中的多余水分挤干后,再涂上润发乳。涂润发乳要与涂洗发液一样分别点在头发的前中后处,用梳子梳能涂得更均匀。

步骤九:在发梢多涂一些润发乳,因为发梢是最容易受损的部位。

步骤十:女人们用吹风机风干自己的头发。但过度应用吹风机会损伤你头发,所以你可以先把发根吹干,以免头皮受冷而感冒,再让发梢自然风干。

一个女人要是有了一头干净清爽的头发, 就会给人耳目一新的感觉,就能随时获得幸运女神的青睐。

2.别旁若无人地补妆

前一段时间,“雅虎咨询”上惊现一段名为《北京地铁惊现面膜女,车厢内淡定贴面膜美容》的视频。视频中“面膜女”不仅坐在地铁座位上贴面膜,还美容聊天两不误,时不时发发短信。车厢内人头攒动,她则旁若无人,安定自若。

生活中,像这样在公共场合大秀美容之术的人还是少数,像在饭桌上抹口红,在办公室补粉底,在公共公交车上刷睫毛的现象,比比皆是,人们大都习以为常了。虽然这些是生活中的小细节,粗心的女人往往会忽略掉,或者觉得这有些小题大做,但其实旁若无人的补妆,不仅是一种不尊重人的表现,更会让自己有失仪态了。

一次闺蜜小聚上,雪瑶说,她见过最让自己无语的一次补妆。

那是一次朋友聚会,一桌子十几号人,都是朋友带朋友,所以有很多人都是第一次见面。吃完以后大家还在兴致勃勃地聊天,只见一个女子慢条斯理的从包里摸出一个DIOR的包装纸盒,然后慢条斯理地打开纸盒,掏出里面的彩妆盒,再慢条斯理地揭开盖子,拿掉眼影块上盖着的透明塑料片,最后对着小镜子不慌不忙地涂,完全不顾在场的男男女女。补完妆后,此女仍旧慢条斯理地把彩妆盒以原样包好,放回纸盒子里。

从此雪瑶把此女列为拒绝往来户,虽然她只和此女吃过这一次饭,但是这样的补妆方式给其留下的恶劣印象实在不可磨灭。

女人都喜欢化妆,有时候化妆是对人的一种尊重,但是早上化的妆会因半天的忙碌而出现妆容残缺的现象,这会让你看起来比不化妆更糟糕。在正式场合,以残妆示人,更是既有损自己形象,又显得对人不礼貌。因此我们不妨随身携带一面小镜子以便及时察觉后去卫生间的时候稍加遮盖。女人们一定要记住,适时的补妆不可忽视,不可拖延,以免给人留下不良印象。

但在补妆时,你应先看看周围是否有人。补妆时应回避他人,选择无人在场的角落,最好选择去洗手间进行补妆。有些女人在吃完饭后,会因周围都是熟人又懒得回避而当众涂唇彩,请记住尊敬别人就是尊敬自己，所以不要在别人面前补妆。

如果你去参加参加某家公司的面试，为了保持自己优雅的体态面容，千万不要在休息室里当着众多竞争者的面补妆，你大可以神态自若地询问前台洗手间在哪里，而后在面试前去洗手间重新整理仪容，保持最佳面貌。

如果你现在正在大街上，突然发现自己的妆容已经残缺，千万不要因为街上没有认识你的人或者补妆时间很短，就当街对镜贴花黄，尽量找些私密干净的空间补妆。

总之，化妆是对他人的一种尊重，及时补妆也是一种尊重，不在人前补妆更是一种尊重，所以，女人们注意了，千万别再旁若无人地补妆了，公共场所不是你的化妆间。

3.别忽略指尖上的优雅

有人说，评价一个女人美不美，不仅仅要看她的脸蛋，更要看她的手部和指甲。要知道，真正爱美的女人懂得保养自己的双手，懂得修饰自己的指甲。纤纤玉指，既是女性美丽的标志，也是一道令人心动的靓丽风景。一个优雅的女人，要有依靠自己双手的坚强独立，也要有依靠自己双手彰显优雅气质的时尚品味。女人，请给自己一个美丽的机会，舞动指尖，绽放优雅。

一双手和十片小小的指甲能给女人带来无尽的优雅，但若是被忽略或者打理不当，会给人以不修边幅或者邋遢的糟糕印象。

昨天来面试的小张是个人见人爱的女孩，不仅长得甜美，而且说话

温柔,十分适合总经理秘书一职。可是令同事吃惊的是,总经理葛佩茗今天却又面试了另外一个女孩。葛佩茗平时常在办公室和同事们说说笑笑,是个和蔼的领导,于是有个同事忍不住问:"葛总,昨天的小张不是都定下来了么,怎么又招新人?"

葛佩茗说:"那女孩气质好,声音甜,性格也够温和,适合当我的秘书,可是做秘书最重要的还是心细,我怕她胜任不了。"

同事好奇地问:"葛总面了一次试就知道她粗心?"

葛佩茗笑笑说:"不知道你们有没有发现小张昨天的指甲脏兮兮的,你说一个对面试都不仔细准备的人我能不担心么?"

听罢此话同事们无不佩服葛佩茗的观察入微。

女人们,记住,即使是指甲般大的事情,也会有人去注意去挑剔。细节决定成败,我们一定要注意细节。当你不能保证自己的指甲漂亮美观的时候,请一定要保证它们干净清爽。

每一个爱美的女性都希望自己拥有一双纤纤玉手,所以会购买不同牌子的护手霜以使自己的双手如同婴儿般细嫩柔软。其实,你的指甲也同你的肌肤一样,有"口渴"和"饥饿"的时候。如果平时工作忙,你不妨在休息日,为自己的指甲补充适量营养。

杏仁油是一种极好的指甲调理液,在凡士林中掺入几滴维他命E油也能起到同样的作用。具体的护理方法是:先用洗甲水洗去指甲油,然后在温水中洗净指甲,再在手指和指甲上抹上调理液,后将两只手分别戴上塑料手套,裹在一条热毛巾中热敷15分钟。

护理完,你就可以做指甲的修护了:首先用指甲剪大概地修剪指甲,其次使用较粗颗粒的指甲锉,将之前修剪好的指型磨得光滑,最后用细颗粒的指甲锉修饰弧度。

做好了这些,你就可以涂指甲油了,上甲油要依循"前中左右"的原则,一般刷上四笔即可:第一笔,在指甲前部分刷一下,这样甲油不易脱落；第二笔，在指甲中部刷一下，笔力应不轻不重；第三、第四笔应将左右未涂满的地方补齐。涂好后，你可以把手放在台灯的近灯泡处，代替美容院里的烘甲仪器烘干，也可以浸泡在事先准备好的冷水中，使甲油保持较长的时间。

指甲油的选择也是非常重要的事情。美容专家Julyne Derrick说："在寒冷的冬季，想要整个人活力四射，与其改变粉底的色号，不如换上亮色甲油，户外工作时，更需要用亮丽的甲色为自己打气。"

美甲一向是时尚女性的秘密花园，下面为大家推荐几款最近流行的指甲颜色。清新的翡翠绿，带着一丝复古的优雅感，低调地散发着高贵的气息，如果你想拥有经典又时尚的造型，选择这款甲油颜色绝对不会错。有点豪气的海军蓝是近年流行甲色中的稀客，不过在流行的磨砂质感下，它能令你拥有天鹅绒般的高贵，并充满女人味。喜欢有视觉冲击感的你，可以选择玫瑰金作为底色，以墨色亮片作为点缀，来宣告自己是独特的未来主义者。清盈的银色涂在指甲上会得很轻佻，但若在此之上再涂一层略带灰色的亮油则会使你优雅起来。渐变色很受女生欢迎，由玫红过渡到黑色的甲色是步入成熟稳重的标志。

当然，如果脱离手只谈指甲的修护，是件无意义的事情，再美丽的指甲放在一只苍老而黑皱的手上，也不会有任何美感。下面是手部护理的七个步骤，你不妨每周使用一次。

1.使用洗手液将双手彻底洗净。

2.将身体专用的去角质产品涂在手背上并轻轻按摩，去除老化角质后，用清水洗净。

3.将脸部用的保湿或滋养面膜，涂手背、手腕及指间并充分抹匀。

4.将手裹上保鲜膜或戴上棉质手套，静待十或二十分钟后洗净。

5.取适量护手霜，均匀涂于双手。

6.用左手的拇指与食指，由指间向手背呈螺旋状按摩右手的，每一根手指，再用右手如此按摩左手。

7.将拇指与食指分置于手指两侧,由指尖向手掌轻滑,至根部稍用力按压。

8.用拇指与食指夹住手指,由指根拉向指尖,以轻滑般的方式按压。

9.双手相互在另一只手的手背上以打圆般的方式按摩。

护理完了纤纤玉手,你就该着重保养指甲了。

1.尽量避免将指甲当做工具来使用,以指肉代替指甲,能减少伤害指甲的机会。

2.若你的指甲小皮已经萎缩或消失,可每天以温水浸泡双手10至15分钟后,用热毛巾轻轻擦干,使用保养乳霜来涂抹指甲小皮,减少裂开脱皮的情况出现。

3.减少指甲接触各种刺激物的机会,如触碰刺激性强的肥皂、有机溶剂等。如果必须接触刺激物,尽可能戴上保护性手套。

4.选择不含甲醛或丙酮的指甲油。指甲油停留在指甲上的时间不要超过5天。

女人们,优雅的气质从美甲开始,让你的指尖和你一起舞蹈吧。花一点时间来装点一下指尖上的那一抹小风情,能立即提升你的气质。

4.放下你的二郎腿

家长时常告诫我们:“女孩子,要坐有坐相,站有站相!”但真正做到很不容易。生活中,无论是吃饭的时候,还是聚会的时候,是在办公室,还是在会议上,人们常常见到的是翘着二郎腿的女人。她们或是沉默不语或是侃侃而谈,不停地抖动,频率均匀。

女人在大庭广众之下,翘起二郎腿,不仅是欠缺修养的表现,也是没有经过文化熏陶的结果。她们喜欢和人家斗嘴,喜欢斤斤计较,与同事、与老公的关系不会很好。这样的女人,往往缺乏理性思维,常丢三落四,不能从事细心的职业。

颜蔓佟是北京一家中型公司的总经理,最近她天天没日没夜地准备资料,因为过几天南方一家大型的公司董事长要来京洽谈生意,这对自己的公司来说是一笔大单子。

驰鹏是江苏一家大型外贸企业的董事长。上个月,他想在北京洽谈一项合资业务,于是找到了一家前景不错的公司。与对方的总经理颜蔓佟约好了洽谈时间与地点后,他带着秘书如期而至。可是经过近半小时的洽谈,驰鹏做出了这样的决定:不和这家公司合作。

为什么还没有深入洽谈,驰鹏就放弃和该公司合作?秘书觉得很困惑,驰鹏回答说:"对方很有诚意,前景也很好,但是和我谈判时,那颜蔓佟颜大经理翘着二郎腿,还不时地抖动,我觉得还没有跟她合作,自己的财就都被她抖掉了。"

这个故事警告了所有的职业女性:在参加会议、业务洽谈、社交活动时,要注意自己的坐姿,不要翘二郎腿。端庄优美的坐姿,不仅可以展现一个人的行为美和姿态美,还可以给人以有教养、庄重、可信任的感觉。

女人翘二郎腿常常是出于习惯,觉得交叉着双腿坐比较自在舒适。但是,健康专家建议女性不要常翘二郎腿,否则会引发病灶。

骆芹在一家图书创作中心做文字编辑。每天一到办公室她就翘着二郎腿,处理文档。最近,骆芹总感到腰部不适,后来甚至疼痛不止。她各种检查也做了不少,但都没发现什么异常。

医生针对骆芹的疼痛部位,开了一些口服药和外用药,并嘱咐她在家休息一段时间。骆芹在家中静养了一段时间,病情却一直不见好转。后来在复诊中,相关专家经过仔细询问后,告诉她:翘二郎腿是腰痛的罪魁祸首。

女人翘二郎腿,危害很多:首先,翘二郎腿会引发腰痛;其次,久翘二郎腿会导致腿部静脉曲张,严重者会出现下肢麻木、酸痛,甚至突然不能行走的状况;再次,久翘二郎腿会诱发心脑血管病,因为翘二郎腿会导致血液上行不畅,使回流心脏和大脑的血液量减少,影响大脑和心脏功能,诱发高血压、心脏病。

所以,要做一个优雅健康的女人,就从放下你的二郎腿开始!

5.在众目睽睽之下,别用不雅的姿势去捡东西

我们常常不经意地瞥到:公园里,人行道上,商场里,火车站,拥挤的地铁通道里,有些女人在众目睽睽之下,若无旁人地捡起地上的东西,她们头压得很低,臀部翘得很高。而周围看见的人,会不禁佩服她们的心理素质,并且在心里暗自感叹:实在是有伤大雅!

猫腰撅臀去拾东西,或者两腿展开,下蹲去捡东西,都是不美观的,这两种姿势对女人们来说,都属于不良的蹲姿。有些女人会穿领口较低或领口较宽松的上衣,若此时再毫无顾忌地一弯腰,结果可想而知。有的女性喜欢穿短裙和低腰裤,如果你是这类人那么在猫腰撅臀的时候,要小心不要让自己的内衣公示于众。

所以,女人特别要注意,众目睽睽之下,低头撅臀,平衡下蹲,这会严重损害优雅的形象,贬损高贵的气质,所以要尽量避免。

曾浅怡是一家大型德资企业的人事管理员，最近因为业务的扩大，公司想给几个部门经理各配一名秘书，于是领导让曾浅怡为经理们招聘十名举止优雅，心思缜密的女秘书。

那天，会议室里来了二十位女孩，都是来应聘秘书岗位的，每一个女孩看起来都很靓丽，优雅。

可是面试还没开始，曾浅怡就让其中两位女孩离开了。事后，公司里一位和曾浅怡关系比较好的同事问曾浅怡："我有一个疑问，为什么在你面试之前就让两个女孩先走了？这对她们可不公平啊。"

曾浅怡笑了笑说："我已经面试过了。"

同事更好奇了。

曾浅怡说："我看见那个高高瘦瘦的女孩是真心喜欢，可是我看见她准备的资料掉在了地上，就立马猫腰撅臀去捡，屁股翘这么高，真是有伤大雅，你说这样的秘书，以后有客户过来，看见了……"

"那另一个女孩还帮忙捡会议室的垃圾呢！心多细啊。"同事说。

"是啊，不过这肯定是网上的面试攻略，小技巧而已，很刻意的，你要知道，那个女孩也是那样不雅地捡那团废纸的，这动作可代表了一个人的习惯啊，想改很难喽。"

女人们都知道，第一印象在社交礼仪中，十分重要，因为第一印象，是持久且不可轻易改变的。所以女人会为了在陌生人面前表现出最完美的自己，会为了把最佳的第一印象留给别人，而在仪表、仪容，言谈举止等方面多多注意。社交礼仪，十分繁杂，如果因为自己的一时粗心，在见第一面时就给对方留下了"无礼"和"不雅"的印象，那之后的交往必然不会顺利。

所以，女人千万不能小觑捡东西的姿势，它的美与不美，直接关系到你的形象。

向茗慷是一位知名女摄影师,年纪轻轻,成就却不少,常常在全国性的摄影大赛中获奖。向茗慷的作品往往能在第一眼就打动人心,所以她常常被邀请,去给一些社会名流做讲座和报告。

那次演讲结束了,向茗慷在走出报告厅的时候,一叠资料和文件掉到了地上。当时,向茗慷可能是被自己的成就和观众们热烈的掌声迷晕了脑袋,忘记了那本应有的艺术修养。当那些资料疯狂地在大厅外的地板上飞舞的时候,她做了一个低头、弯腰、撅臀的动作。

不巧,这个时候,那些社会名流相继走出大厅,想一睹这位才女摄影师的风采。如此,向茗慷的形象在他们的心中大打折扣。

当时向茗慷也意识到了自己的失误。她后悔,自己为何要那样做:可能是成就感的缘故,亦可能是那些资料散落得太快。可不管是因为什么,想要挽回已经来不及了。

不少女性把拾取物品看成是瞬间的过程,因此根本就不去计较这个姿态的规范性。实际上,瞬间的印象也很重要,何况它还不一定只发生在瞬间!低头撅臀去捡东西,会给人一种粗俗不雅的感觉,特别是穿着高跟鞋的女士做该动作,远远看去就如同鲁迅先生描绘的豆腐西施,“像一只细脚伶仃的圆规”。

女人要提高自己的修养与气质,该怎样蹲拣东西呢?下面的两个规范姿势,献给每一位优雅的女士。

优雅蹲姿之一:交叉式蹲姿。下蹲时右脚在前,左脚在后,右小腿垂直于地面,全脚着地。左腿在后与右腿交叉重叠,左膝由后面伸向右侧,左脚跟抬起,脚掌着地,两腿前后靠紧,合力支撑身体。臀部向下,上身稍前倾。蹲下时双膝并拢,上身保持直立。

优雅蹲姿之二:高低式蹲姿。下蹲时左脚在前,右脚在后,不重叠,两腿靠紧向下蹲;左脚踏实,小腿基本垂直于地面,右脚跟提起,脚掌着地。右膝低于左膝,形成左膝高右膝低的姿势;臀部向下,双手抚平裙子并遮挡双腿间可能露出的缝隙。

优雅地蹲捡东西,除了要注意姿势的得体,还要注意几点。

第一,美丽的取物姿态,依靠的是美丽的蹲姿:先靠近你想拾取的物品,让物品处于你的右前方,然后蹲下,下蹲时上身保持垂直,略低头,眼睛看着要拾取的物品。

第二,不要突然蹲下来,蹲下时的速度切勿过快。

第三,与他人同时下蹲时,要注意双方之间的距离,以防碰撞。

第四,下蹲时不要东张西望,不要说话,那样会让人生疑。

第五,若你正穿着低领上装时,一定要用一只手要护住胸口,以免走光。

6.袜子,精致女人不容忽视的细节

女人,你有没有经历过这样的尴尬场面:

某日,你和男友外出踏青,不慎扭伤脚,于是他帮你脱下鞋子,查看伤情,可是展露在他眼前的,是两个钻出袜子的脚趾头;

那天,你去商场买鞋,等到要脱旧鞋试新鞋的时候,你才猛然想起自己可怜的袜子又破又旧,最后百般扭扭捏捏,留下一脸郁闷的售货员;

姐妹们一起去一个朋友家玩儿,朋友是个特爱干净的人,地板拖得一尘不染,你们需要换上拖鞋才能进门,可是当你一脱鞋,姐妹们就一众捂着鼻子跑进了屋;

有一次,你和客户正在进行一次关键的谈判,单子谈成了,你就是

公司新杀出来的一匹黑马;不成,那个月只好喝西北风。可是在谈判前,谈判中,谈判后,你一直觉得人们看你的眼神怪怪的,后来一个好心的前台告诉你,你的丝袜抽丝了……

女人,如果你遭遇过其中的一种状况,那么恭喜你,你已成功跻身于不拘小节的行列。上面的每一项,都不是精致女人的作为。

要想做精致的女人,你就要确保衣橱抽屉里,每一双可能被穿出门的袜子都完好无缺。脚趾脚跟有洞的、脚底磨透磨烂的、长袜滑丝勾丝抽丝的、起球发黑发黄的袜子,你可以通通扔掉。不要以为袜子藏在鞋里,藏在腿里,藏在裙子下就万无一失了,这年头,什么事都可能发生。

当然,确保每一双袜子的完美无缺,对于一个精致的女人来说是远远不够的。大家不妨想想,一个美丽的女子,穿着一条美丽红裙的同时还装着一双同样美丽的“黄袜子”,这搭配来看,并不是那么的美丽。所以,小小的一双袜子,也讲究搭配。我们一定要选择适合穿在身上的,而不要盲目地跟随潮流。

现在各种杂志报纸、时尚网站上,美女们穿着的糖果色袜子都很漂亮、很清新,你是不是认为自己也该立刻买一双来穿呢?其实,穿在别人身上好看,穿在自己身上,并不一定就会好看,还是先看看它适不适合你,再决定要不要买吧。一双小小的袜子,穿对了,会给你的美丽加分,穿错了,只会适得其反。

如果你是身材高挑的女生,颜色对比可以突出你的美腿,让你成为众人的焦点。但你一定要注意全身服饰的色彩不要超过三种,否则就容易变成“可爱善良美丽大方的翠花”。

而身材比较娇小的女生,挑选与服饰同色系的彩色袜,会使双腿看起来更修长,是最不易出错的。

小腿较粗的女生,要选择深色的袜子,因为深色显瘦。但你特别注意一点:避免穿中筒袜。中筒袜会让你的小腿看上去更粗。小腿较粗的女生,适合穿深色、直纹或细条纹的丝袜,因为这些都会产生收缩感,使双腿显得小巧玲珑。

而小腿偏细的女生，适合穿颜色较浅或鲜艳的袜子，也可以用横条花纹或大花图案的袜子，搭配平底鞋。

美丽从来都没有标准，女人应该学会自己创造潮流，不让自己在追赶潮流的大部队中显得被动。从明天开始，不盲从，不攀比，只寻找适合你的那些衣饰吧！除了搭配，在选购袜子、穿袜子的时候，女人还要注意几点：

第一，一双干净、轻薄、透气的优质短袜，比浸在汗水里的厚棉袜要好：一来是穿时会觉得舒服，二来是不会因有味道而破坏自己你的美丽形象。

第二，女性在公众场合，千万不能整理自己的长筒袜，也不能让袜口露在裙摆外边。

第三，皮肤有过敏史的女性，应选择质地为纯棉、透气性好的袜子。

第四，袜子要勤换洗，以免散发异味。

第五，不少女性经常烦恼的一个问题：穿凉鞋，究竟要不要穿丝袜？通常，穿露脚趾或露脚跟的凉鞋，不用穿丝袜，但前提是你对自己腿部肌肤的完美程度有足够的把握。若是你的脚部皮肤不够好，还是乖乖地穿上袜子吧。

第五章

大方得体，
女人不可不知的酒桌应酬

1.不要不加修饰就去赴宴

女人,你是不是常常这样想:

你起早贪黑,繁忙的工作让你无暇化妆;

你觉得化妆就像面具,只有虚伪和自卑的人,才会化妆,以掩饰自己;

你崇尚自然、无修饰的美,想在艳妆浓抹中出淤泥而不染;

你天生丽质,肤如凝脂,眉不化而柳,唇不点而朱,腮不扫而红,化妆对于你来说,是一种浪费……

女人,你是不是常常这样做:

闺蜜乔迁,你毫无准备就去赴饭局了;

异性朋友第一次约你吃饭,你素面朝天地去赴约;

老板组织同事们一起聚餐,你连个妆都不化,就直奔饭店;

上班的时候,好久不见的朋友打电话约你出去,你穿着工作服就去了;

参加一次重要的晚会时,你像平常一样:肥大的短T恤,潮流牛仔裤,彩绘帆布鞋……

对于女人来说,化妆不仅仅是一种通过使用美容产品来修饰自己的仪容,美化自我形象的行为,还是对他人的一种尊重和礼貌。可以想象,在宴会中,一个蓬头垢面,无精打采的女人,是多么有失体统。

不仅妆容可以让你看起来神采奕奕,服饰也可以体现你的品味和修养。美国总统的礼仪顾问威廉·索尔曾说:"人们看到你第一眼,就可以从你的服饰外表做出以下十个方面的推断:经济状况、受教育程度、

可信任程度、社会地位、成熟度、家族经济状况、家族社会地位、家庭教养背景、是否是成功人士以及品行。”可见服饰对你给别人的印象有多么的重要。

而宴请是一种常见的礼仪社交活动。通常情况下，宴请可分为三种:第一种是礼仪性宴请,第二种是友谊性宴请,第三种是目的性宴请。无论是哪一种情况的宴请,无论是你的朋友、恋人、家人,还是老板上司客户的宴请,女人,请都保持优雅的形象,你已经不是小孩了。

又是一年一度的毕业大潮。吕秀妮在学校曾是优秀班干部,优秀团委,但她却没有留在大城市里和同学们一起竞争大公司的岗位,也没有屈就去应聘一些小公司的职位,而是选择回到老家,准备考村官。

考试和面试并没有难倒吕秀妮,求职路上她一路绿灯。上周三,面试成绩出来,吕秀妮考上了村官,过几天就可以走马上任了。

而上周六,吕秀妮更是接到了村长的电话,说第二天晚上,所有的村干部要好好为这位村里唯一的大学生村官接风洗尘。

吕秀妮知道,这不是同学之间的聚会,也不是朋友之间的唠嗑,而是领导和同事对自己的一次评估和考验，自己一定要把握好：显得幼稚,会让领导小瞧了自己,显得圆滑,会让同事们觉得自己少年老成,甚至迂腐,那太有损当代大学生的形象。最好的方法就是让对方觉得自己心智成熟,是个可塑之才。

于是吕秀妮周日在家好好打扮了一番，穿上了在学校学生会工作时的职业装,并画了一个淡妆。看着镜子中成熟不失优雅的自己,吕秀妮很满意。

当然,满意的不仅仅只有吕秀妮自己,周日一起吃饭的村长和村干部对吕秀妮也很满意。他们觉得吕秀妮是个个性成熟的大学生,不缺乏新颖的点子,相信在以后的工作中会成大器。

人们都知道，留给他人的第一印象，有时在社交过程中起着决定性作用。有的第一印象甚至会一直存在于他人心中，难以改变；而你的信誉，亲和力，修养和他人对自己的好感，都是基于这一印象建立起来的。而他人对女性的第一印象，常来自于服饰和妆容。

所以，女人们要对自己的外在形象多加修饰。女人可以不漂亮，但一定要得体。

那天，庞冬卉还在办公室里奋笔疾书，闺蜜就打电话来了。原来半年不见的闺蜜从法国留学回来了，并在一家饭店里订了一桌饭，这通电话是想邀请庞冬卉去赴宴。

下班后，庞冬卉就往饭店赶。她本来想回家换身衣服洗个头画个淡妆，可是已经来不及了，而且只是去见个半年未见的闺蜜没有必要打扮得那么隆重。

可是到了饭店，庞冬卉后悔了，包厢里不仅仅有闺蜜，还有两个大帅哥。听闺蜜介绍，他们都是留学法国的海龟，现在要回国发展了。闺蜜对庞冬卉说："你看，他是我谈了半年的男友，那个就是你的对象啦，当然要看你们的自己的发展啊。"说完，闺蜜还给庞冬卉抛了一个媚眼，并拉住她，在她耳边小声说："卉卉，姐姐我待你不薄吧。自己交男友了，也不忘记你。不过话说你今天怎么不准备一下啊！"

庞冬卉听了，脸立刻红了起来。扭头一看包间镜面墙壁中丑小鸭般的自己，风度翩翩的对方，庞冬卉暗自神伤。

在心理学上，有一个控制社交过程中自我形象的技巧，叫做印象管理。女性应该重视专家的建议，学习、运用印象管理，把学习印象控制当做人际交往中的一件重要事情。聪明的女人，要利用自己的妆容和服饰，进行社交中的印象管理，让别人给自己的形象打高分，从而进行接下来的社交活动。

女人们,千万不要再认为化妆是累赘,是繁琐,是虚伪,是浪费时间,它应该是人际交往中的一项基本礼仪。你也千万不要随便穿件衣服就出门了,因为衣服是自我品位和修养的体现。在赴宴前,请花半个小时在镜子前面,化一个恬静的妆容,穿一身得体的服装,然后像公主一样,从容优雅地去赴宴。

2.优雅得体地递接名片

前几年,王志文在拍电影《谁说我不在乎》时,嘴里常嚼着口香糖。在开拍的时候,有一个记者想要采访他,王志文觉得受访时嚼口香糖不妥又不能随便吐在地上, 就随手把记者递来的名片把嚼过的口香糖包了起来。这件大牌明星把记者的名片作为口香糖包装纸的事情,在网络上引起了口诛笔伐。

名片是一个人身份的象征,已成为人们社交活动当中的重要工具。所以,名片的递送、接受、存放要讲究必要的社交礼仪。名片虽小,但在与客户沟通过程中起到的作用不容忽视。但是很多女人不太清楚怎样和别人有礼貌地交换彼此的名片,因此,不仅没有让名片起到“自我延伸”的作用,还防碍了与客户的进一步交流。有礼貌有教养的女性在递接名片的过程中一定要注意细节礼节,以做到优雅得体。

上周,游宜在一家医疗设备公司的销售部应聘成功。她对这份工作具有十分的热情,干劲十足,想把自己的市场开拓开来,赢得更多的客户。而在为期一周的公司培训当中,游宜知道了名片的巨大作用。

这天晚上游宜去参加一个派对,在派对上,游宜没有品尝到美味的鸡尾酒，也忘记了参加派对的初衷，只是一个劲儿地发名片，想以此来拓展开自己的市场。

几天下来，令游宜失望的是，没有一个人打自己的电话。针对这一问题，游宜请教了在销售这方面有五年经验的同事。

同事告诉游宜，像发扑克牌一样分发名片的做法很外行。这么做，你的名片不仅得不到别人的尊重与珍视，也不会使其发挥应有的作用。

名片既然这么重要，我们如何使用它才是正确的？

首先我们要印制一份属于自己的名片。为社会需要印制的名片，应写清自己的姓名，联系方式，职位和办公地点。女人们千万要记住，不要因为虚荣而把自己的职务夸大，乱挂不实的头衔。

第二，携带名片。我们外出时不要忘记携带名片，携带的数量一定要充足。名片要保持干净整洁，切不可出现折皱、破烂、涂改的情况。很多女人会在名片上面记着别的东西，自己的名片当然可以，但千万别把这样的名片发给他人。名片应统一置于名片夹、公文包或上衣口袋内，千万不要放在裤子口袋里，因为这样不礼貌。放置名片的位置要固定，以免需要名片时东找西寻，显得毫无准备。还要注意，不要把自己的名片和他人的名片或其他杂物混在一起，以免用时手忙脚乱或掏错名片。

第三，递送名片。在社交场合、初次会面、自我介绍时可以递上自己的名片；如果对方询问你的姓名、地址时，也可以递上名片。名片的使用是有讲究的，不按规则使用就达不到应有的效果。名片最好是站着递给对方，如果自己坐着，你应待对方走过来后，站起来，问候对方再交换名片。递上名片前，你应当先向接受名片者打招呼，令对方有所准备。这既可自我介绍，也可以是“对不起，请稍候”“可否交换一下名片”之类的提示语。递送名片的时候最好是用双手、将名片的字迹正对对方送出，要用拇指和食指夹住名片；递上时，最好再口头介绍一下自己，尤其是自己的姓名中有生僻字的时候。

在名片的递送中要注意顺序问题。交换名片的顺序一般是“客先主后;身份低者先,身份高者后”。当与多人交换名片时,应依照职位高低的顺序,或是由近及远,依次进行,切勿跳跃式地进行,以免对方误认为你厚此薄彼。

第四,接受名片。当对方向你递名片时,不论你有多忙,都应立即放下手中的事,起身站立,面含微笑,用双手接住名片下方的两角。接过名片时你应说“谢谢”,接受后,一定要看一遍,不要不看一眼就收起来。聪明的女人会花30秒时间认真阅读名片内容,轻声读出显示对方荣耀的职务、头衔,以示敬仰。若是你在名片上有看不清或者不明白的地方,应该及时请教对方,以免交流的时候出现失误,引起尴尬。当然,最重要的一点是你应将对方的名片精心存放,不要随便一扔或乱放。特别提醒:别人给你递名片时,你若想放在桌子上,就不能用东西压着,因为名片代表着主人,乱压东西是一种不尊重。

第五,如果对方没有给你名片的意思,但你又非常想认识对方的时候,先把自己的名片递给对方,说:“你好,这是我的名片,我是某公司的经理助理某某。”根据礼尚往来的原则,对方也会回递一张。你也可以以保持联络为由,索要对方名片。你可以说:“很高兴认识你,不知道怎么跟你联系比较方便?”这样一来,对方必然明白你的用意,向你递送名片。

此外,如果在你和别人交流之前,有第三者做介绍的话,应该在介绍人向你介绍过对方之后,再相互递交名片,也可以在交谈后交换名片。

总之,在递接名片的过程中,女人们要注意名片礼仪,表现出自己的尊重,因为名片象征着一个人的尊严,是一个人的脸面,尊敬别人的名片就等于尊重别人。因此,切不可忽视这些表面看起来并不起眼的细节,它是一个女人修养及素质的体现。当别人从你接递接名片的动作里看出你对他们的尊重和礼貌时,必然会对你产生好感,你们接下来的交流也会变得畅通无阻。

3.远离“八卦”，聊出女人的品位和优雅

“你看三单元二楼的老王又晋升了，不知道砸了多少钱啊。”

“还记得高中同学小芝么，坐最角落，成绩次次都拖班级后退，就是人长得像个狐狸精似的。听说上个月她与咱们这水利局局长家的少爷结婚了。”

“你们听说业务部的小李了么，跟咱们顾经理勾搭上了。”

“你们不知道吧？我可清楚了，那外面办公室里‘周芷若’是怎么修炼成‘灭绝师太’的。”

生活中的女人，无论是在朋友小聚中，还是在办公室，总喜欢三个一群五个一堆地大谈家长里短、职场八卦。

女人们常把八卦聊天当成自己茶余饭后的乐趣，殊不知这些快乐是建立在别人的痛苦之上。八卦不仅会给别人带来不快和难堪，还会使自己的形象大跌，人们常常把喜欢八卦的女人称为“长舌妇”。所以，你要注意了，与其刺探一些别人的隐私，传播一些他人的小道消息，还不如聊些有品质的话题：兴趣，爱好，工作，书籍，音乐……女人们，请远离八卦，聊出自己的品位和优雅。

严芯英和同学李美美大学毕业后，一起来到一家德资企业应聘，所幸，大家都应聘上了。经过三个月的试用期，两人都成为了公司的正式员工。

可是最近，严芯英很不爽，明明都是毫无经验的大学生，明明都经

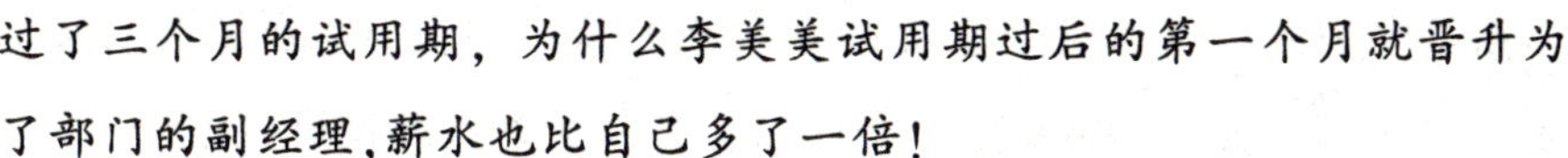

过了三个月的试用期，为什么李美美试用期过后的第一个月就晋升为了部门的副经理,薪水也比自己多了一倍!

上周末,严芯英一个人去逛街,正好撞见李美美与部门经理手挽手走进一家精品服装店,那一刻,严芯英什么都明白了。于是周一一上班,严芯英就在办公室向同事们透露李美美晋升的内幕。一时间,办公室里风起云涌,“李美美色诱经理事件”在公司传得沸沸扬扬。

严芯英还向同事揭露了李美美大学期间的其他事情，就连对方大二那年在食堂与服务员争执也被严芯英说了出来。

可是一周后,令严芯英措手不及的是,一份劳动解雇协议递到了自己手中。

哪个办公室里都有喜欢聊八卦、探究八卦的人。人们常说常八卦的人,八卦有一天也会找上他。聪明的女人,无论在职场还是生活中都谨慎言行，避免引起喜欢嚼舌根的人注意。但是如果你只是一味避开她们,只会使对方心里不爽。遇到“八卦女王”,你要像没事人一样,照样和她们打招呼聊天。

人与人之间,重要的是交流,交流的重中之重又属谈话技巧。可是,有些谈客却令人厌烦,你想躲避又躲避不了,不躲又如坐针毡。如果处在此情此景之中,该怎么办?所谓兵来将挡水来土掩,以下我为大家提供几种“八卦避”招数。

“八卦避”的第一招是:冷静判断,不说别人的八卦。在听到别人的八卦时,不要像其他人一样兴致勃勃。听八卦在所难免,但聪明的女人不会对八卦添油加醋,连“真的啊”“不会吧”这种附和的话也不说。所以当你听到一个八卦后,最好的反应是做个“知道了”的表情后立即离开。

“八卦避”的第二招是:遭遇“探人隐私”者答非所问。有些人和你第一次见面,就问你“收入多少?”“夫妻感情如何?”等让人厌恶的话题。知道是他人隐私,仍旧去询问者,是不懂得尊重他人的人,也是最有可能传播是非的人。遇到探人隐私者,不能有一说一,有二说二,最好的法子是答非所问。如果他问你“你晋升打点了多少关系”,你可以说“全托你的福”;如果对方问你“奖金多少”,你可以说“不比别人多”。总之,这招是让你回避对方的提问,不是不答,而是答非所问。

“八卦避”的第三招是:遭遇“道人是非”者要“哼哈”而过。“哼哈”在这时,是一种不可蔑视的处世学问。来说是非者,便是是非人。女人千万不要以为把他人是非告诉你的人便是你的朋友。道人是非者,自然也会说你的是非。聪明的女人从不与这类人推心置腹。我们要远离说人是非,要对其任何的是非话题都做出冷淡反应。“哼”“哈”其实是一种模糊语言,既能让对方感受到你的尊重和配合,又会让对方觉得这项话题无法交流下去,从而中止谈话。

“八卦避”的第四招是:主动出击,聊出高尚。这一招是“八卦避”中的绝招,即在对方尚未道出是非的时候,主动出击,聊音乐、天气、郊游、书籍等话题,把对话牵引到正常健康的方面。这要求引领者有较高的侦查能力,能侦查出对方要聊八卦的想法,先下手为强。使用此招之人要聊对方想聊的话题,能勾起对方与你交流下去的兴趣从而忘记自己的八卦。

4.大方应酬,小心干杯

在现代生活,应酬和喝酒已不仅仅是男人的专利,所以现代职场女性有必要去学习应酬礼节,了解酒桌潜规则。现代人在交际过程中,对酒的作用越来越重视。酒作为一种交际媒介,在迎宾送客,聚朋会友,加强沟通,传递友情中,独领风骚。所以,女人们不妨探索一下酒桌上的奥妙,为自己人脉圈的建立添砖加瓦。

酒桌,是最能体现一个女人修养和风度的地方。在赴宴前,你要保证自己衣着整洁、大方,并适当化妆,使自己看起来精神饱满,容光焕发。应酬喝酒是一把双刃剑,虽然可以体现女人的修养,但若把握不当,会伤着自己,所以我建议女同胞们,要大方应酬,小心干杯。

左泗涵最近苦恼极了,所以在好朋友聚会中,不免会吐吐苦水:"我一个女人家经商,处处得应酬。应酬我不怕,可是每次应酬几乎都少不了喝酒!"

左泗涵是个十足的女强人,早年丧夫,一个人带着孩子独自经商已经好几年了,如今积累了一些资本。一个人在生意场上打滚,应酬是免不了的,而在当地,应酬最大的一个特点就是少不了喝酒,左泗涵的好多生意都是在酒桌上定下来的。这么多年下来,左泗涵发现自己的胃给喝坏了,有一回她甚至喝到胃出血,住进了医院。

左泗涵对朋友们说,自己现在已经陷入了两难境地:一方面是身体已经不允许自己再喝酒了,另一方面是应酬时必须要喝酒,一些老客户,了解自己能喝,所以如果现在不喝,就会觉得自己没诚意。

对于应酬女性大可以大大方方地参加,不过对于酒量小的女人来说,干杯时一定要小心,若是把自己灌醉了,再喝出点毛病来,就得不偿失了。所以参加饭局时,我们可以在上座后吃一些肥肉类、淀粉类食品垫底,并掌握好喝酒的节奏,不要一下子喝得太猛,也不要几种酒混着喝。若是真的不能喝酒,你就千万不要逞强,委婉地亮出一杯倒的底子,对方便不会再勉强你了。

差点被老板辞退的张嘉贞好说歹说,百般保证下一回再不犯同样的错误,才保住了现在的工作。

张嘉贞是一名年轻的白领，上个星期，她带着老板的嘱托前去与客户签一份合同，那是一个大单子，早已经谈妥了，现在万事俱备，只需要在酒桌上签个字就行了。那是老板考验张嘉贞的一次机会，也是张嘉贞第一次参加这样的应酬。悲剧的是，张嘉贞难却盛情，一杯一杯地灌酒，喝得烂醉如泥，而且酒后胡言，不仅没有签成单子，还把客户都吓跑了。

应酬时，有些女人紧张羞怯，一些女人因为酒精的兴奋作用而变得大大咧咧，这两种都不可取。参加应酬时，女人一定要保持平和的心态，这是你展现良好礼仪和自我修养的前提条件。

大方应酬，站坐有姿，优雅赴宴，是女人完美表现的基础。下面将介绍如何优雅赴宴。

首先，女人要注重应酬的入座礼仪。如果你是应邀出席宴请活动，应按照主人的安排就座；如果没有固定座位，就该让尊长坐上座，自己找适当的座位坐下。入座时，记得要把椅子拉后一些再坐下。

入座以后，姿势要端正，不要在桌上以手托腮。脚应放在你自己座位的下方，不可随意伸出，影响别人。如果你随身携带着背包，要把背包放在背部与椅背间。

在接受斟酒时，女人要举止优雅。你可以一只手握着酒杯，一只手扶在杯底。当别人为你斟酒时，如实在是喝不了了，可简单地说一声“不，谢谢”，或用手稍稍盖住酒杯，表示谢绝，并且微笑。

通常在宴会中，主人会向宾客祝酒。在主人致辞祝酒时，你应暂停进餐，停止交谈，注意倾听。碰杯时，你要目视对方致意。在主人提议干杯后，你不一定要一饮而尽，只喝一口也行。如果真喝不了酒，应当起身，将杯口在唇上碰一碰，以示尊敬。另外，喝酒时不能吸着喝，而应倾斜酒杯，像是将酒倒在舌头上似的喝。不敬酒时将酒一饮而尽，透过酒杯看人，边说话边喝酒都是失礼的行为。

女人也要学会敬酒。敬酒时要主次分明，以年龄大小、职位高低、宾

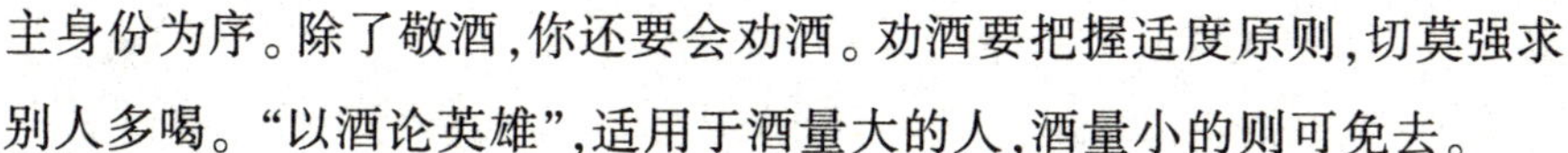

主身份为序。除了敬酒,你还要会劝酒。劝酒要把握适度原则,切莫强求别人多喝。“以酒论英雄”,适用于酒量大的人,酒量小的则可免去。

女人一般都会涂口红,但是将口红印留在酒杯沿上的女士,通常被认为是没有礼貌的粗俗女人。所以,我建议女性在用餐时最好使用不脱色的口红,或者是在涂了口红之后用面巾纸轻轻按压,避免脱色。如果实在不小心将唇印印在了杯沿,请及时用手指尖抹掉口红印,再用纸巾擦拭手指尖,直接用纸巾擦拭酒杯的做法是不礼貌的。另外,在酒桌上,要语言得当,诙谐幽默。酒桌是可以显示出一个人才华修养和交际风度的地方,有时一句诙谐幽默的语言,会给客人留下很深的印象,使人无形中对你产生好感。

总之,参加酒宴之前,女人要多补充自己的饮酒知识。在应酬中,尽量做到一言一行都优雅得体。大方应酬,小心干杯,能让你的交际生活左右逢源。

5.不喝酒的女人,要练好“推”酒的功夫

工作需要延伸,圈子需要打开,人脉需要维护,单子需要签订,上司需要打点,下属需要笼络,于是你永远逃不开饭局。而每一场饭局,无酒不成席。可是,很多时候,酒桌是生意场上的另一种战役,一次看似平常的酒局,常关系到一笔大单子,一笔大生意,一次大竞标。

自古喝酒的大多是男人,所以这样一场牵系着重大关系的饭局,对于不会喝酒的女人来说,确实在是一场灾难。应酬是必然的,有的饭局不能不去,这时候,女人们,要么狂练喝酒功夫,成为一代酒中女豪杰,要么在实践中成长,抓紧时间学会推酒的本事,掌握酒桌上必要的应酬

技巧。

兰欣是公司新来的业务员，性格豪爽，个性要强。那天，兰欣因为谈成一笔单子，获得了一笔可观的奖金。为了笼络客户，兰欣拿着这笔奖金请客户们到饭店吃饭。

为了表达对客户们的谢意，兰欣开始向各位老板敬酒。其实兰欣并不是太能喝，但她还是装作很豪爽的样子一杯杯一饮而尽，被一桌子的男人赞为“巾帼英雄”。

可是令客户们大惊失色地是，一圈子下来，兰欣喝得酩酊大醉，在席间就大吐了起来，有些秽物甚至吐在了客户的衣服上。

说到拒酒，女人尚有一大优势——动之以情。如果让个大男人含情脉脉地道出自己不能喝酒的原因，可能会激起大家踹他一脚的冲动，但换作女人，就是另外一回事了。

孟晨雪应好友之邀去参加生日派对，在席间，同学以及朋友们纷纷举杯向小寿星敬酒。孟晨雪也不好落后，便端起可乐向寿星献贺词。这时，一位男士朋友说了：“我说小雪，你也太不地道了，哪有用饮料敬人家的道理？太煞气氛了，不跟我们喝就算了，怎么着你也得给寿星个面子啊！喝一杯！”这时候，其他朋友都跟着开始起哄，没有一人替她说话。

孟晨雪立刻摆出一副委屈的摸样，嘟着嘴说道：“要是能喝我也想喝啊！可是出门老公交代，如果喝了酒就不让进家门！你们就忍心看我被关在外面啊？为了我们夫妻的和谐以及幸福，大家就体谅体谅嘛！”

眼看大家停止了叫嚣，孟晨雪又转向今天的主角说：“况且，今天的主角可是王宸，现在我就贡献一份力量！”说完，孟晨雪赶忙去与主角干杯，把注意力有意无意地转向了今天的主角。

做女人难,在酒桌上做优雅的女人更是难上加难。在酒桌上,女人有时不仅会受到喝酒之累,一不留神还会受到骚扰之累。身为女性的你,若是在饭局中,没有遇到绅士,或是遭遇一些不得不喝的情况,该如何优雅的拒酒?该怎样既不驳对方的盛情,又能让自己少喝些?女人们只有学会一些有效的方法,才可以妥当地、不卑不亢地达到拒绝的目的。

首先我们该学一些有用的拒酒词。在喝酒的时候,说说这些场面话,既能让人家明白你是真的不能喝酒,又不会扫对方的兴,自己也可以免受喝酒之苦。

1.只要感情好,能喝多少,喝多少。

2.只要感情有,喝什么都是酒。

3.只要感情到了位,不喝也会醉。

4.为了不伤感情,我喝;为了不伤身体,我喝一点。

5.感情浅,哪怕喝大碗;感情深,哪怕舔一舔。

6.敬酒的一口干,被敬的干一口。

7.为男人的,不要难为人。

拒酒的办法还有很多,女人要学会随机应变,兵来将挡。如果你没有酒量,就要凭借自己的机智和口才,练就一身推酒功夫。

6.女人赴宴,吃得漂亮不容易

在赴宴的时候,我们常常会看见这样一些女人:她们形色匆匆地来,上了餐桌后,或是一个劲儿地接电话,然后还没等宴席结束,就“轻轻的,我走了,不带走一片云彩”。

餐桌上,最能体现一个女人的修养和风度。对此礼仪专家申明:在参加宴会时,切记不要只顾低头猛吃,也不要吃完后迅速离席,这是一种非常没有修养的表现,主人一般不愿与这样的人有进一步的交往。

培根说:“形体之美胜于颜色之美，而优雅的行为之美又胜于形体之美。”要成为一个形态优雅的女人,就要在日常生活中时时刻刻注意,尤其要在吃饭时,表现出仪态美。

殷芷蝶在当地开着一家画廊,她是个喜欢交友聊天的女人,常常会在自己的画廊里举办一些艺术类的沙龙，或请一些社会名流和旅行中偶遇的人,去自己家吃饭。

殷芷蝶喜欢和不同的人谈理想,谈人生,谈艺术,谈股市,谈化妆品,谈油盐酱醋。可是每次宴会后的她常抱怨:“有些女人真是讨厌,匆匆地来,匆匆地去,让我感觉纯粹是来混吃混喝的食客;还有的女人个性太粗野,明明是在高雅的宴会上,却总是不注意自己的形象,导致闺蜜问我怎么会有这样的朋友……对于这样的女人，我是不会再请她们第二次了。”

女人在赴宴时，吃得漂亮不容易。你只有懂得餐桌上的礼仪和规矩,才能展现出自己的气质。用餐时的每一个环节都有其相应的礼节,若是女人在赴宴前好好学习,在宴会上好好注意,必然可以成为餐桌上的气质美女。如果你想要获得成功的人际关系,想显示自己的修养,不妨在此补上餐桌礼仪这一课。

首先,注意宴席前的入座礼仪。

如果主人已经安排好座位,你就对号入座;若是没有固定座位,你应该请尊长上座,再找适当的座位坐下。

找到座位后,你要用手把椅子往后拉一些再坐下,切不可用脚把椅子推开,否则会给人留下粗鲁的印象。

其次,要注意宴席刚开始时的礼节。

服务员送上的第一道湿毛巾是擦手的,你不要用它去擦脸。

等待菜肴的时候,你的坐姿要端正,不要以手托腮,双脚应放在座位下方,不可随意伸出。无事可做时,不可把玩酒杯、盘子、碗筷等餐具,更不要用餐巾擦餐具,否则会让主人丢面子。

第三,宴席的过程中,注意吃的礼节。

入席后不要立即动手取食,而应等主人示意开始后,先让长辈或重要人士取菜,再动筷子。

在进餐时,夹菜应从面对自己的盘子夹起,不要从靠别人的盘子夹起,更不能用筷子在菜盘子里翻来翻去。夹菜时,不要碰到邻座,不要把盘里的菜拨到桌子上,不要使汤有泼洒,不要将菜汤滴到桌子上。夹菜时一次不能夹很多,夹一口的分量最为适宜。注意不要大块地往嘴里塞菜,否则会给人留下贪婪的印象。

若是想吃的菜离自己很远,夹取时,筷子不要伸得太长,也不要站起来伸长手去夹,而应应先将转台上的菜转到眼前,再从容取菜。

如果要夹取汤汁较多的菜肴,要端着碗去盛接,以免汤汁滴在桌上。一般情况下,夹到碗里的菜要吃完。

喝汤时注意不要直接用嘴喝,而要用勺轻轻舀起,慢慢喝下,避免发出响声,否则会影响大家的食欲。如果汤太热,可将汤盛入碗内,用汤匙慢慢地拨弄,等晾凉后,再一口口喝,切忌对着汤吹气,不然既不卫生,又不雅观。

吐出的骨头、鱼刺、菜渣要用筷子或手取接,不要直接吐在桌面上或地上。

与别人一起就餐时,吃饭的速度不要过快或者过慢,应与周围人保持大致一致。

第四,注意宴席中的说话礼仪。

女人喜欢聊天，所以在就餐过程中，免不了要聊天。但是，在你嘴里含着食物的时候，千万不要说话，因为坐在你对面的人会担心你把食物的残渣喷到他脸上。出于对他人的礼貌，你应该将嘴里的东西咽到肚子里再说话。

吃饭时，如果要说话，应先放下手中的餐具，不能拿着餐具指指点点。大大咧咧的人要注意，别在饭桌上谈论一些不雅的事情，比如“我今天在街上看到了污水水管阻塞，脏物四溢……”，否则会严重影响大家的食欲。

第五，注意宴席中的祝酒礼仪。

宴会，免不了喝酒。当主人向你敬酒时，你应起立回敬。当主人给你斟酒时，有酒量的要歉让一下。要饮酒适度，避免酒后失态。若你不善饮酒，要向主人表示敬意和歉意，千万不能逞强。

第六，注意处理突发事件的礼仪。

用餐时，如欲取用摆在同桌其他客人面前的调味品，应请邻座客人帮忙传递，不可伸手横越他人去取物。

用餐时，你最好能手握餐纸或餐巾，以在感觉到自己嘴边有饭粒等东西的时候，及时清除。切记，用舌头去舔饭粒等，是特别不雅的行为。

遇上要打饱嗝、打喷嚏、咳嗽等情况，最好用餐巾捂住嘴，并且将头转向后方。期间若想吐痰、呕吐、擦鼻涕等，最好离席，到洗手间去。

如果在就餐的过程中，你突然有事必须离开，应尽量不引起别人的注意，保持安静，以免妨碍别人，当然你得和主人说明一下情况。离开时，你不必和谈话圈里的每一个人都告别。

如果宴会的时间比较长，在周围的人你都认识之后需要离席时，你最好只悄悄地和身边的两三个人打个招呼，然后立即离去。

第七，注意宴席后的礼节。

吃完饭，大家都在其乐融融地聊天时，你不要去玩弄碗筷，也不要用手在嘴里乱抠。用牙签剔牙时，应用手或餐巾掩住嘴。

宴席完毕时,你应该向主人长话短说地告别。注意,你和主人打过招呼后,应该马上就走,不要拉着主人的手聊个没完。因为当天对方要做的事有很多,现场还有许多客人等待他去招呼。

女人除了在宴会过程中注意必要的礼节,还要注意到宴会举办前、结束后的几点细节,以让自己的优雅形象更加深入人心,比如:

赴宴前,出于对主人和各位宾客的尊重和礼貌,女人们应精心打扮。千万不要不加修饰地去参加宴会;你可以根据邀请方的具体身份准备一份小礼物,它会让你有意外的收获,也能体现出你的有礼貌;你一定要投入到宴会热烈的气氛中,如果你只是为了吃饭而吃饭,那么不但融入不到热闹的气氛中去,还会给人留下不好接触和孤傲的印象;宴请后别忘了给主人回封表示感谢的电子邮件。

诸相之中,吃相最能体现一个人的优雅和修养,所以人们常用吃相来褒贬、评价一个人。一个受人尊重的女性,并不一定是最美丽的女性,但一定是仪态最佳的女性。因此,女人们要多注意自己的吃相,要在生活中不断地学习和运用以上的知识,让高雅的吃相为自己增光添彩。

第六章

维护男人的尊严，
让百炼钢化作绕指柔

1.适当示弱,不过度追求男女平等

《孙子兵法》上说:“柔能制刚,弱能制强。”适时地低头示弱,以“弱女子”的身份出场,往往能赢得对方的怜香惜玉之情,唤醒对方的恻隐之心。

在职场上叱咤风云的女强人,若在面对感情生活时,不能进行自我调节,就会令爱情走入绝境。在感情中,女人们应该学会示弱。示弱并非失去自我,对男人言听计从,而是柔弱之美的一种展现。一个幸福的女人,必然是一个会示弱会撒娇的女人,因为只有这样丈夫才会怜爱她、关怀她,安抚她的悲伤,分享她的快乐。

都说婚姻有七年之痒,史惜珊和丈夫结婚整整七年了。面对不再温柔的太太和不再宽容的丈夫,他们常因为一点芝麻绿豆的小事就大动干戈,终于有一天他们选择了分居。

但是,在离开彼此的日子里,他们发现自己还深爱着对方。可是丈夫不好意思先开口,史惜珊也放不下自己的面子,两人就这样僵持着。

一天晚上,史惜珊正在厨房为女儿做菜,突然几只硕大的蟑螂爬了过来。把史惜珊吓坏了。史惜珊这个人天不怕地不怕,就是怕蟑螂,这若是在平时,丈夫早就把蟑螂赶尽杀绝了。慌乱中她本能地拿起电话拨通了老公的号码:“老公,厨房有、有蟑螂……”话还没说完,史惜珊的丈夫就答道:“别慌,我马上回家。”

于是夫妻二人因为蟑螂事件和好。自此史惜珊懂得了示弱的妙处,会时不时地向老公撒娇。虽然丈夫总是无奈地说她跟女儿一样幼稚,但是看得出来,他很享受妻子的这种依赖。

夫妻生活在一起,闹闹矛盾吵吵架再正常不过,可是作为女人的你有必要每次都在战争中占得上风吗?你就是赢了他又如何?

一旦两人发生冲突,你不妨对他示弱,以柔克刚。其实,懂得示弱的女性,才能真正俘获男人的心,才能真正拥有大智慧。

三年前,祝雅晴做了一个十分有魄力的决定,辞去一份薪水不低的工作,和朋友合资开一元蛋挞连锁店。本来她只想赚赚小钱,补贴家用,哪知道生意越来越好,三年内竟然开了六家连锁店,这使得祝雅晴一跃成为女强人。

而祝雅晴的丈夫,在三年内从普通员工晋升为公司中层管理人员,虽然两个人之间的收入仍有巨大的悬殊,可是这并不影响祝雅晴对自己婚姻的经营。

连锁店的决策问题,祝雅晴会向丈夫虚心请教,让丈夫与自己一起出谋划策。即使有时她已经有主意了,还是会请丈夫帮忙,然后在谈话间悄悄引导丈夫,让丈夫把自己想好的办法说出来。这使得她的丈夫一直相信连锁店的成功,不单单有祝雅晴的推动,也有自己的功劳。

不仅如此,祝雅晴还喜欢在丈夫面前哭穷,看到喜欢的背包等,会向丈夫撒娇,缠着丈夫买给自己。在和朋友的聚会中,祝雅晴会卸下女强人伪装,为丈夫的朋友端茶倒水,给足丈夫面子。

祝雅晴说,在很多时候,女人要装傻。家里的有些事情,依赖丈夫解决,虽然丈夫每次会啰嗦,但都有求必应。祝雅晴知道,保留对丈夫的依赖,会让丈夫觉得自己是妻子需要的。

善于低头的女人是真正聪明的女人,因为适当地示弱会满足男人的成就感。如果女人始终如一的强势,不仅不会赢得男人的好感,还会

让男人表示压力很大。所以，女人的示弱，并非软弱，而是给男人更多关心自己、呵护自己、疼惜自己的机会。

不仅在感情生活中，在工作中面对上级的批评，客户的质问，同事间的竞争，朋友间的误会，陌生人的刁难……如果，我们能够恰到好处地示弱，适时地低头，也能保证自己的心情永远处于良好水平。

2.家庭是男人尊严的最后领地

若是在工作中，你是雷厉风行的boss，那么下属们一听到你高跟鞋的声音，就会紧张得要命；若是在家中，你常是大家长作风，时不时就指正批评，动不动就颐指气使，便会让自己的丈夫或孩子不是在沉默中灭亡就是在沉默中爆发。

女人们有个认知误区，认为只要在外面给足老公面子，让他无限风光，回到家就可以对他呼来喝去。其实这是大错特错，就算你们是同床共枕的夫妻，在家里，你也要给足男人面子，这样男人才会觉得你懂得人情世故，懂得为妻之道。一个聪明的女人要懂得如何给自己男人挣面子，以得到男人的欣赏和疼爱。

亲爱的女人，你能不能发挥一下自己的女人情怀：每天清晨和下班回家时，多给一个拥抱，多留一句叮嘱，平时与他交流一些事业上的顺心与不顺心。这些不但能为他减压，更有助于你们的情感交流。作决定的时候，你要多听听他的意见，吵架的时候，不妨先退一步。往往，你越是温柔，越是善解人意，男人越会对你言听计从。

令朋友们羡慕的是，费婷筠和老公结婚五年了，却依然和恋爱时一样如胶似漆，常常在朋友们面前秀恩爱。于是闺蜜张因清向费婷筠讨教“驭夫之道”：“你到底有什么秘诀？一想到我家那位的所作所为，我就来气。每次回到家像个霜打的茄子，让他干什么都不干，怎么说他都不听。”

费婷筠问：“你平常对你家老公温柔么？”

“温柔？都老夫老妻了，还需要什么温柔啊？”

费婷筠微微一笑：“我想，你老公之所以不听你的，主要是因为你对他说话的语气。本来在外面已经够辛苦，回到家你还对他颐指气使，没一句好话，他心里能舒坦吗？你要知道，男人都是爱面子的动物，即使是在家里，你也要让他感受到作为男主人的尊严。”

“在家还那么要面子，有必要吗？”

“不信你回去试一下。”

张因清将信将疑，但还是决定试一试。她趁着老公还没下班，做了他最爱吃的晚餐。一切安排妥当以后，老公刚好进门。张因清连忙迎了上去，帮他拿过外套和公文包，说道：“为了我和孩子，老公辛苦啦！赶紧过来吃饭吧，我做了你最爱吃的红烧鱼。”

老公虽然很纳闷，却也没说什么。吃过晚饭，张因清拉过老公说：“老公，和你商量一件事，咱们家的橱柜该换了，周末你陪我去商场看看行吗？”“家里的事不都是你说了算吗？我一向没有发言权。”老公更纳闷了。

“我以前总以为家里的事情都归我管，没有必要向你汇报，还动不动就在孩子面前驳你的面子，以后一定会改的。我现在觉得，男人不仅在外面要有面子，在家里也应该有，因为你才是家里的主心骨，是我和孩子的避风港。”

听了妻子真诚的话语，张因清的老公非常开心。自那以后，张因清让老公在家充分享受到了作为男人的权利，现在他们的关系越来越和谐。张因清明显感觉到老公不仅在家主动帮自己承担一些家务劳动，在

外面做事也越来越自信了。

你不妨把家庭主权让给男人,让他多一份自尊,在人前人后、家里家外做一个堂堂正正的男子汉。让他时时刻刻感觉到自己是一个男人,可以扬眉吐气,风风光光。千万不要让自己的老公英雄气短,成为一个“受气包”或“窝囊废”。男人是女人头上的天,是家庭的脊梁,是女人无法替代的。所以,好女人要多给丈夫一些自尊,让自己的老公挺直腰板。

3.事业可以比男人强,但嘴巴不能比男人硬

张爱玲说:“善于低头的女人是厉害的女人,越是强悍的女人,示弱的威力越大。”男人的天性中有种保护欲,这让他们同情弱者,怜香惜玉。然而现实生活中有很多女强人总是仗着自己的能力比丈夫强,觉得自己是家里的主心骨、顶梁柱,就对丈夫指手画脚颐指气使,稍有不对更是将丈夫贬得一无是处,结果成了事业上的女王,生活中的弃妇。

现实生活并不全像童话中一样完满,就算是王子和公主也有吵架争执的时候。

一天,英国女王伊丽莎白与丈夫菲利普亲王闹起了别扭,把丈夫气得关门不出以示威严。

半天过去,女王见丈夫还在屋里赌气,开始心疼起来,生怕他在里面闷坏了。于是她轻扣房门说:“快开门,我是女王。”可是亲王装聋作哑,不开门也不吭声。

于是英女王又说:“我是伊丽莎白,请开门。”对方仍旧不理不睬。

女王灵机一动，温存地说："老公，开门，我是你的妻子。"

整日生活在英国女王光环下的菲利普亲王，压抑已久，此时听到如此温柔的话语，如沐春风，连忙笑逐颜开地开门迎接自己的妻子，并同样温柔地说："进来吧，我亲爱的夫人。"

一个女人，无论自身多么的优秀，将事业打拼得有多么强大，娘家地位有多么显赫，从嫁给这个男人那天开始，她首先要扮演的只能是妻子的角色。如果因为自己是公主、是女王、是女强人而没有尽到一个妻子的义务，那她无论如何也得不到幸福。

作为女人，你始终要记得，你的事业可以比男人强，但嘴巴一定不能比男人硬。在适当的时候，你只有向丈夫低头和示弱，才能成为一个幸福的女人。具有千种风情、万般妖娆的温柔性格的女人，才能令男人怦然心动，才能给男人开辟一个可以置身于其中的温馨世界，让男人安心。示弱和温柔是女人最强的杀手锏，正所谓英雄难过美人关，君不见多少英雄豪杰倒在了女人的温香暖玉当中。

谢淇楠是人人羡慕的职业白领，在一家外资企业做翻译，收入颇丰，人也长得漂亮，还有一个言听计从的丈夫，每天上下班接送她，家务全部包揽。

谢淇楠的丈夫是她大学同学，在一家大型企业上班，收入和谢淇楠差很多。大家都不知道因为谢淇楠心高气傲，平时说话颐指气使，所以她的丈夫生活得很压抑。

前不久，因为企业效益不好，丈夫下岗，谢淇楠说："你就在家歇着吧，我的工资足够花了，老婆主外，丈夫主内，这没什么，还是一种新潮呢。"

丈夫一言不发，瞪了她一眼。

没多久，丈夫突然跟她提出离婚的事。谢淇楠听了大吃一惊，问道：

“我究竟做错了什么?”丈夫摇摇头。

谢淇楠又问:“那么是你找了比我更好的人了?”

丈夫说:“没有,只是觉得你不适合我。”

很快,两人办了离婚。一年后,谢淇楠从他人那儿听说自己的前夫找到了一份工作,并与一个打工妹结了婚。据说两人日子过得挺艰辛。谢淇楠太不服气了,自己居然败给了一个打工妹!于是她气呼呼地去见那个女人,见过之后,更是觉得无论相貌、素养对方都和自己不在一个档次上。

谢淇楠实在不懂她的前夫怎么会看上这样一个人。一位好友对她说,看来他就是想寻找当丈夫的感觉。谢淇楠听了半天没有说出话来。

老子说:“夫不争,天下莫能与之争。天地间至刚者,必为至柔。”女人因为至柔,而成为至刚。作为一个现代职业女性,你在保留自己独立个性的同时,千万别忘了留存那传统的温柔之美,要该温柔时就温柔,该示弱时就示弱。

人们最鄙视一种男人:外面的窝囊废,灶炕里的英雄。好男儿不能建功立业也罢了,在妻儿面前逞威风,算哪门子的英雄?这对于女人,也是同样的道理。现代社会男女同工同酬,职场上有些强人风范是正常的,但是在家里,你一定要保持女人本色。那些提头知尾的聪明,那些滴水不漏的逻辑,在自家老公面前要省一省。

4.学习他女秘书的说话方式

许多女人总是一副高高在上的架势,整天对丈夫颐指气使、招之即来挥之即去。聪明的女人们,不妨多学习女秘书的说话方式,因为会说话的女人不仅能让丈夫舒心,更让自己的要求得到满足。

盛青蓉是一家贸易公司的总经理秘书,态度认真,工作负责。她说话的艺术更是得到了公司上下的一致认同。

说了一天礼貌用语的盛青蓉常常一到家,就从一名称职的秘书摇身一变成了一个颐指气使的女王,不是对丈夫今天买的菜不满意,就是命令丈夫赶紧去做饭。

虽然丈夫表面是听从了自己的命令,可是盛青蓉看得出来,丈夫对自己是怨声载道的,不然最近为什么开始晚归了?于是聪明的盛青蓉改变了自己的态度,用在办公室对待领导的态度来和丈夫相处:把命令说成请求,对丈夫温柔有加。几天下来,丈夫又像从前一样对自己言听计从了。为此盛青蓉在心里,感叹:驭夫之术的关键是要用对方法啊!

会说话的女人是男人一生的无价之宝,她们通常懂得拿捏分寸,懂得怎样委婉地让男人心甘情愿地去做自己想让他去做的事情。聪明的女人应当学习女秘书的说话方式,因为女秘书之所以能够在老板身边左右逢源,就是因为她们有一套实用的讨好技巧。

每一个男人都喜欢自己做决定,而不是在女人的命令下行事。也许一次两次,他会依照你的意愿做事,但是如果长此下去,必定忍受不了你趾高气昂的行事风格。一个总是下达不可抗拒命令的女人,只会让男人成为逃兵。

都说每个成功男人的背后都有一个默默付出的女人,吴泽桦就是一个成功的男人,而他的妻子就是那个贤内助。吴泽桦是一家合资企业的业务经理,他的妻子总是知道如何在公共场合帮助自己的丈夫,因为她是他的妻子,也是他的秘书。

一次，吴泽桦带着妻子一起去参加一家合作公司董事长的生日派对。本来吴泽桦是想借机与这位董事长拉近关系,把他变成自己的客户的,可是由于碰到了几个好朋友,聊得非常尽兴,便忘了参加宴会的初衷。之后他的妻子悄悄走过来,轻轻地提醒丈夫说:“老公,你为什么不去向董事长表达祝福呢?”吴泽桦这才发现自己跑了题,于是赶紧朝董事长走过去。

还有一次,吴泽桦的公司推出了一个产品,吴泽桦是主要负责人。原本忙了一天的吴泽桦已经很累了,可是晚上的庆功会他必须得参加,因为有很多记者采访。晚宴的时候,很多记者都来采访吴泽桦,还有许多朋友向他表示祝贺。妻子知道丈夫需要休息,再这样下去,本来身体就不好的丈夫一定受不了,她大声地对吴泽桦说:“老公,你忘了我们还有一个重要的约会吗?再晚了恐怕就来不及了。”

丈夫听明白了妻子的言外之意,于是向大家告别后离开了。

聪明的女人们,不要再对男人大发号令、指手画脚了,遇到问题的时候你可以慢慢引导他,请求他,让他接受你的建议。只有愚蠢的女人才会责备男人的窝囊,聪明的女人会做男人事业上的秘书。

男人的成功离不开妻子的帮助,如果你能尽心尽力地协助丈夫,为丈夫在社交场上赢得友谊，赢得客户，那么你的丈夫有什么理由不成功?所以,如果想让自己的丈夫取得成功,你就不应做他的指挥员,而应该做他身边出谋划策的秘书。

5.在他朋友面前骄傲地谈起他

酒能壮胆,这话不假,有那么一个人,大家都知道在家是个十足的“耙耳朵”,可是每当他喝过酒,都会在朋友面前吹嘘自己如何如何不怕老婆。

这人经常说:“在家,我称王称霸,老婆才不敢管我呢。”

“你在家是什么?”

“是老虎!”

有一天,这话恰巧被他老婆听见,然后悲剧就发生了。那人的老婆捏着那人的耳朵厉声问:“你说什么!”那人秉着大丈夫能伸能屈的精神,恭恭敬敬地回道:“我说我是老虎,你是武松。”此话引得朋友们哄堂大笑。

都说女人虚荣,其实男人也虚荣,一个男人不管在家里怎样“惧内”,怎样唯唯是诺,一旦和朋友在一起就想撑足场面,打肿脸充胖子,不让朋友看出自己是个“妻管严”。但是很多女人都不明白这一点,只顾逞一时威风,却从不考虑老公的颜面。在朋友面前失了面子的男人,回到家会和妻子发生怎样的矛盾,我们可想而知。

凌寒是一个强势的女人,不管在家还是在外面,对丈夫说话从来不留情面,所以总是让丈夫处于难堪的境地。

一天,凌寒夫妻俩去参加一个朋友的生日派对。现场气氛非常热闹,当男人到旁边喝酒的时候,一帮女人们开始了拉家常。

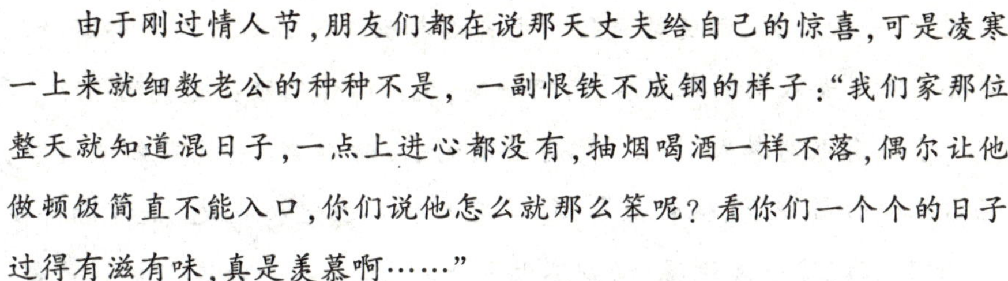

由于刚过情人节,朋友们都在说那天丈夫给自己的惊喜,可是凌寒一上来就细数老公的种种不是,一副恨铁不成钢的样子:“我们家那位整天就知道混日子,一点上进心都没有,抽烟喝酒一样不落,偶尔让他做顿饭简直不能入口,你们说他怎么就那么笨呢?看你们一个个的日子过得有滋有味,真是羡慕啊……”

因为凌寒的声音特别大,所以旁边的男人们都听到了。于是朋友们开始拿凌寒的丈夫开玩笑,虽然都是善意的,但是她老公一点都笑不出来,还憋了一肚子的火。

毫无疑问,一回到家,从来不愿意和妻子针锋相对的丈夫和凌寒开战了:“你怎么能那样说话,难道就不能在朋友面前给我留点面子吗?你羡慕人家是吧,那好啊,既然你觉得我一无是处,那就离婚。”“我说的都是事实,再说大家都是那么熟的朋友,谁不知道你是这副德行,离就离。”凌寒回道。

男人都好面子,再不争气的男人也想在朋友面前保有一份自尊。所以,女人们,就算你家男人不是很出色,也不能当着朋友的面将他贬得一文不值。否则不仅会让老公丢了面子,让朋友们看轻他,也让自己的幸福受到了严重地伤害,何必呢?

愚笨的女人会奚落男人的虚荣,而聪明的妻子懂得怎样满足男人的虚荣心。她会在朋友们面前对他大加赞扬,让他在朋友面前扬眉吐气。男人会因为女人的赞扬而觉得面子大增,从而对女人疼爱有加。

又是一个晴朗的周末,韩凝竹小两口和几对夫妻朋友约好一起去水库边上野炊。到了目的地,一行人架好烧烤工具,准备等食物烤好后,边吃边聊天。于是女人们自告奋勇地包揽了烧烤的重任,而几个男人落得清闲,便到一边打牌去了。

因为韩凝竹的老公不喜欢打牌,所以就帮女人们烧烤。其他女人们看到后,一脸羡慕,都说韩凝竹的丈夫是新世纪的三好男人。韩凝竹的老公在听了女人们的夸奖后,呵呵一笑,说:“为你们服务是我的荣幸。”

于是有人对韩凝竹说:“你老公真好,不像我老公,就只知道打牌,偶尔让他带带孩子,他都嫌麻烦。”有人说:“我老公也是,平常懒得要命,回到家就像一滩烂泥,动都不动一下。”还有人附和道:“就是就是,我老公要是有你老公的一半好,我就相当知足了。”

韩凝竹微笑着看看忙碌的老公,说道:“是啊,我也觉得非常幸福。他不仅工作努力,给了我想要的生活,而且回家之后从来不叫苦叫累,看到我又要做家务又要带孩子,心疼得不得了,总说要请个保姆。因为我不肯,所以他只好自己帮我了。每天的晚餐都是我老公做的,别看他平时工作忙,厨艺可是相当好。”

听了韩凝竹的话,所有人都对她老公连连称赞。韩凝竹的老公喜不自禁,感觉自己在朋友面前倍儿有面子。后来,老公问韩凝竹:“那天干吗把我说得那么好?你不知道那几个臭小子都羡慕死我了,说我娶了个好老婆,不像他们的老婆,只会在朋友面前数落自己。”“我老公本来就很好啊。”听了韩凝竹的话,丈夫顿时内心充满了幸福感,他知道自己找了一个提着灯笼都难找的好媳妇。

男人有时候在家里可以任由女人处置，但是在外面会坚决维护好自己的面子工程。当一个女人在丈夫的朋友面前骄傲地谈起丈夫的时候,任何一个男人都会感到异常兴奋,因为他们的虚荣心得到了极大的满足。男人们会因此觉得自己的面子是女人挣来的,从而更加疼爱自己的女人。

聪明的妻子深谙此道。如果你想得到幸福,切忌在男人的朋友面前指责他,而要在他朋友的面前赞美他。在丈夫的圈子里骄傲地谈起他,这不仅能为男人挣足面子,还能巩固男人对自己的爱,让自己沉浸在幸福的怀抱里,何乐而不为呢?

6.男人的事,请不要越俎代庖

在感情生活中,女人只有任劳任怨的优良品格是远远不够的,因为不是所有的男人都喜欢并能适应衣来伸手饭来张口的生活。很多夫妻分开后,男人总是会说:“都是因为你管我太多了,让我没有自由。”想想也是,若是女人什么事都要问、什么事都要管,男人能不烦么?如此男人找的不是一个和他兴趣相投的女友或者妻子,而是一个老妈子。爱情是两个人的探戈,需要相互配合才能跳好,若你只按着自己的鼓点起舞,事事越俎代庖,被对方踩了脚不说,还落得个人去楼空的下场。

齐盼是一个不错的女孩,形象好,口才好,工作也好,就是有一点不好,喜欢胡思乱想,她常常担心一些根本不会发生的事情。交了男友后,齐盼保留了这样一个坏毛病,这让男友觉得齐盼不信任自己,让他们的爱情产生了不少罅隙。

齐盼的男友是搞文艺创作的,时常会写一些男女情感方面的文章,编一些曲折离奇的故事,让男主人公违背一些公众的审美标准,以吸引读者的眼球;而齐盼,经常会审查他的文稿,并将男友与文章中的男主人公联系起来,认为文章所表达的思想,就是男友内心的真实写照。更时常把故事中的女主角与男友的女同学或朋友联系起来,逼问男友是不是曾经有过这些事情。

齐盼的男友为了搞活网络气氛,带动人气,时常在网上不断换马甲,用不同人的观点和口吻评论各类问题。一次她的男友用一个不常用的马甲写道:我喜欢丫丫撒娇的样子和那种姿态。

齐盼看见后，立马就担心起来，并且确信男友的身边就有丫丫这一号人物。为此，她同男友争论起来，结果自然不欢而散。齐盼的男友搞不懂问什么齐盼会把现实和文艺创作混为一谈，他愤愤不平地说："一个没有脑子的女人才会将虚拟的话题创作与现实联系起来。"

其实，男人对所做的工作总有一套自己的思路，自己的习惯，作为女人，你应该充分相信男人：既然他选择了这样一份工作，就一定会做得很出色。如果你总是横加干涉不仅会让他产生厌烦情绪，还会打击了他的工作积极性和自信，降低其工作效率。

当家作主是男人的天性，更何况是自己的工作。拿不定注意的时候，他们自然会和你商量，所以在此之前，你要做的是安心做好贤内助，对于碰到难题的他，给予安慰和鼓励。在问题出现之前，你千万不要指手画脚，替他瞎操心，否则只会落得吃力不讨好的下场。

温舒兰很不满意老公现在的工作，都说有压力才有动力，所以她总是不停地在老公耳边说换工作的事情，想让老公在自己的督促下换一份好工作。可是老公却不以为然，他觉得现在的公司能给自己带来更大的发展空间，没有必要跳槽。而且他非常喜欢现在的工作，只要自己再打拼几年，一定会取得成就，所以对于老婆的建议，他一概不理。

面对毫不动摇的老公，温舒兰非常窝火。她认为老公不上进，从来没想过给自己更好的生活。可是生气归生气，温舒兰灵机一动，还是想到了一个让老公跳槽的妙计：既然劝不动老公，那就自己行动起来，给他找个好单位，然后告诉他，让他乖乖地束手就擒。

于是，温舒兰托了很多关系，终于在一家建筑公司为老公谋得了一份"好差事"。她喜滋滋地回到家，却见老公阴沉着脸坐在沙发上抽烟。见到妻子回来，老公立马站起来说道："谁让你托关系帮我找工作的？我不是跟你说过吗？我很喜欢现在的工作，根本没打算跳槽，现在倒好，我

还没辞职的想法，先被公司开除了。”

“那不正好吗？明天你就可以到建筑公司上班了！”温舒兰欣喜地说道。“好什么好，你当我被开除的原因是什么，就是你说的那个建筑公司的陈总告诉我们领导的，他俩是同学，你去求人家的时候，我们领导就在那。”温舒兰突然想起自己去找陈总的时候，办公室确实还有一个人在，她当时还以为那是陈总公司的员工！看着老公愁眉苦脸的样子，温舒兰终于明白自己是给老公帮了倒忙。

细细揣摩男人的心理，你会发现每个男人对工作都有自己的想法，都想有所建树，他们总希望自己能够为妻子遮风挡雨，希望自己在妻子的心目中是高大伟岸的。所以，如果一个女人丝毫不考虑男人的尊严，就越俎代庖帮他们决定一些事情，不仅不会让男人为自己心疼，还会让男人头疼不已。

7.学会倾听，别说自己都了解

上帝给了人们两只耳朵，一张嘴，就是要我们多听少说。在生活中，最有魅力的女人一定是个倾听者，而不是滔滔不绝，喋喋不休的人。

现代社会，男人在社会生活中所承受的压力越来越大，升迁、加薪、发展客户等目标，无一不让男人的精神处于紧张状态。可是，我们常常发现，当丈夫对妻子诉说自己所遇到的烦恼时，很多女人都表现得心不在焉，这样做，往往会让男人们感到疲累，甚至会影响夫妻感情。

《福星》曾刊出了一篇对员工的妻子所做的调查报告，上面说：“一个男人的妻子所能做的一件最重要的事情，就是让她的先生把他在办公室里无法发泄的苦恼都说给她听。”倾听，是对男人的尊重和关心。

大家都说孔杉彤是个顾家的好女人，自从和丈夫郭俊结婚之后，她就辞去了杂志社副主编之职，回家安安心心地做起了家庭主妇，一心相夫教子。

可是孔杉彤在家也不荒废自己的文学事业，一有空就读读书，写写字。当劳累了一天的郭俊回到家里的时候，孔杉彤会先给他准备一杯热茶，接着就去忙自己的事情。每当丈夫想和孔杉彤讲一些什么事情的时候，孔杉彤不管听没听清楚，都会笑着说：“老公，我知道了，赶紧洗洗去休息吧！”

刚开始郭俊还不以为然，可是时间长了，他发现妻子根本就没听自己讲话，而且自己每次说什么的时候，她都会抢过话头表达自己心中的意见和想法。所以，郭俊后来懒得和孔杉彤谈心了。

接下来，孔杉彤发现丈夫回家越来越晚，这使她感觉到了恐慌。后来她打听到，原来老公没事的时候都会和一个女人去茶楼喝茶。虽然知道他们之间没发生什么事情，只是说说话，但处于婚姻生活中的孔杉彤还是感到了危机重重。

她开始反思自己，觉得丈夫之所以跑出去对别的女人倾诉，是因为自己从来没有认真听丈夫说的话，每次丈夫对自己倾诉时，自己虽然没有表现得不耐烦，但也没给老公提过建设性的意见。

于是，聪明的孔杉彤开始改变策略，现在只要老公一回来，她就会拉着老公聊天。慢慢地，郭俊也察觉到了妻子的变化，开始对妻子袒露心扉。后来，他和那个女人的见面的次数越来越少，直到最后没有了联系。

在外劳累了一天的男人，其实都想将自己工作上的喜怒哀乐拿出来和妻子分享，可是有些女人似乎永远不知道在这个时候自己应该充

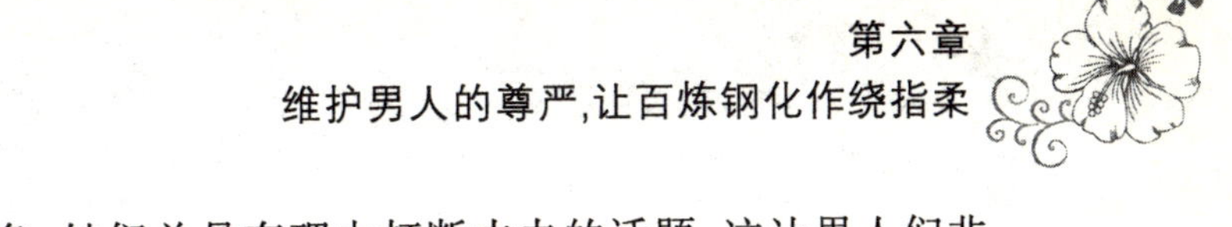

当一个聆听者的角色,她们总是有理由打断丈夫的话题,这让男人们非常憋屈。

人言可畏，在职场上，我们常常没有机会对所发生的事情发表意见。业务顺利,单子谈下来了,升职了,我们不能开怀高歌;业务上遭遇到了挫折,被老板批评了,我们不能四处倾诉。于是,辛苦工作了一天的男人,一回到家,会有一种一吐为快的迫切心情。聪明的女人知道,这时,自己需要做的,仅仅是倾听。

那天许佑霖非常开心。一下地铁,他就像个孩子一样奔回家,上气不接下气地对着正在厨房做菜的妻子喊:“老婆，今天真是个值得庆祝的日子。我被叫进董事会,汇报有关我所做的那份区域报告……”

看得出来,妻子毫不关心丈夫今天的工作。她心不在焉地说着:“真的吗?那真好,亲爱的,快来,吃点我刚做的炸酱面吧。对了,今天来帮我们修浴室的那个工人说了，有很多零件都该换了，你吃完面去看一下吧！”

但是许佑霖真的很兴奋，他对妻子对自己工作成绩的冷淡一点也不在乎,继续说道:“我知道了,老婆。今天,我的上司要我向董事会说明我的建议。说真的,起初我真有一点紧张,但是我终于发觉我引起他们的注意了。甚至连董事长都向我投来了赞赏的目光,他说……”

可是妻子不识趣地插话道:“我常认为他们不了解你、不重视你。许佑霖,你必须和儿子聊一聊他的学习问题,这学期他的成绩实在糟糕透顶,他的班主任下午打电话过来说他最近上课特别不认真。对儿子的学习问题,我实在是无计可施了。”

到了这个时候,许佑霖才发觉在这场争夺发言权的战争中,自己已经彻底失败了。于是他无奈地把自己的得意和炸酱面一起吞到肚子里,然后去解决浴室维修和儿子的教育问题。这让许佑霖非常扫兴,自己的妻子怎么不像结婚前一样依偎在自己的身边，静静地听自己诉说一些事情,那样的幸福难道一去不复返了吗?

也许许佑霖的妻子并不是自私到不想听他的话，只是在家待了一天的她,也想找个人倾诉一番。可是两个人都抢着发言,因此让双方都觉得兴趣索然。一个聪明的妻子,若遇到这种情况,一般会选择在分享完丈夫的得意并赞扬他一番之后,再和丈夫谈家庭琐事。那个时候,被你称赞得心花怒放的丈夫肯定会乐意倾听和发表意见的。

若是你在对方兴致勃勃诉说的时候,表现出不耐烦的样子,或者直接打断对方的谈话，对方只会感觉不到家庭的温暖以及你作为妻子的谅解和支持,久而久之,你们的婚姻会出现问题。学会倾听,不仅能帮助丈夫排解心中的郁闷,分享他的喜悦,还能增进你们的感情。

做个耐心的听众是一件难能可贵的事。其实,无论在感情生活中,在职场上，还是朋友相处的过程中，女人都要学会做一个有耐心的听众,并且把自己对发言者的尊重和诚意表现在脸上。倾听是我们对别人最好的一种尊重,所以,一个女人可以不善于言谈,但一定要善于倾听。

第七章

不依赖男人，
能给自己安全感的女人最幸福

1.女人要独立，不可依附于男人

女人总有一种被关心被呵护的渴望以及一种依赖心理：念书时希望有男生献殷勤，做事时希望有男同事助一臂之力，结婚后，更是把同眠共枕的男人当成了自己生命的脊梁，事无巨细，皆要请示，大到工作，小到看到一只老鼠或蟑螂。渐渐的，女人失去了独立的精神，成了男人这棵大树身上的蔓藤。当一个女人的精神世界完全被男人支配时，这个女人便十分悲哀。

如今，越来越多的女性已经经济独立，但比经济独立更重要的是精神上的独立。父母生养我们不是为了让我们成为一个男人的依附品。女人也是一个独立的个体，所以，请不要让一个男人决定我们的喜怒哀乐。

郑舒筠是一个传统的女子，认为“嫁鸡随鸡，嫁狗随狗”，夫比天大，男人就是自己的一切。她大学的时候爱上了比自己大三岁的学长，毕业后嫁给了他。郑舒筠非常爱丈夫，对丈夫千依百顺，说一不二。即使丈夫做错了，她也只会随声附和，完全不知道与之理论。

朋友们都劝告郑舒筠不要把整一颗心全给了丈夫，要留一点爱给自己，给家人，可是郑舒筠怎么也听不进去，仍旧觉得百分百的付出才是爱情。

结婚后，郑舒筠为了迎合他的兴趣，强迫自己去看她一点也不喜欢的足球，对丈夫唯唯诺诺，凡事看他脸色行事。让她万万没有料到的是，他们结婚刚三年时间，丈夫就有了外遇。她不明白自己错在哪里，她是

那么的爱他,对他那么的好,为什么他还要去喜欢别的女人!

对此,朋友们指出,就是因为郑舒筠太爱丈夫了,爱到失去了自己,爱到成了丈夫身上的蔓藤,才遭到了丈夫的遗弃。哪个男人喜欢和自己的影子过日子呢?

那些把男人看做是自己全部的女人不明白"看重他,并不等于漠视自己",还有些女人在孩子呱呱落地后,一头扎在了孩子身上,从此,女人似乎除了老公和孩子,就一无所有。女人的这一观念真是不可救药,丈夫孩子并不是你的一切,除了他们,你还是一个独立的女人,就像你没结婚之前,就像你没恋爱之前。

张爱玲说:"女人一辈子讲的是男人,念的是男人,怨的是男人,永远永远。"但聪明的女人知道,男人是女人的一半,而不是全部,我们可以和他们分享自己的喜怒哀乐,但如果把自己的精神依托完全的放在男人身上,只会让生活不堪一击。

一个事业正如日中的女演员,突然急流勇退,淡出了人们的视线,嫁给了一个美籍华人,回归了家庭。

结婚后,她彻底与演艺圈告别,在家成了全职太太,带着三个孩子。在事业中独立惯了的她,在家庭中也保有一个独立的空间,完全没有变成蔓藤的趋势。

她事情貌似很多:早上跑步,送孩子去上学后去学柔道,下午回家做家务,然后出门,到咖啡馆看会儿书和报纸,再回家做饭,晚上写写东西看看碟。

她说:"我忙得很,家里什么都是我做主,先生什么都不干涉,钱他也不过问,都由我安排,我们很平等。"

虽然结婚十多年,但他们仍然互相尊重。在他丈夫身上,也完全看不到养家男人趾高气扬的样子。人们知道,在演艺界成功过的她,在家庭生活方面,也同样取得了成功。

无论是在恋爱中的女人还是婚姻中的女人,都不应该丢弃独立性,而应该拥有自己的空间,自己的生活方式,因为你是独立的个体,而不是男人附属品。如果你过分地依赖一个男人,就会像蔓藤一样缠绕在他的身上,当有一天男人厌倦,要离开你的时候,没有了参天大树可供攀附,你就只能蜷伏在地。

女人要像舒婷在《致橡树》中说的那样,成为他近旁的一株木棉,作为一棵树和他站在一起。根,相握在地下;叶,相触在云里。唯有如此,风一吹过,你和他才能互相传达爱意。

2.自由的爱才是弥足珍贵的

自由惯了的男人们往往随随便便就能举出一箩筐的不自由:每天必须刷牙洗头洗澡、臭袜子严禁乱扔、干净的衣服必须叠整齐、短信被偷窥、工资悉数上缴、酒吧绝对不能再泡、交朋结友严格把关、出差随时查岗、应酬不能喝酒……总之一句话:婚姻实在是太可怕了。

外面的世界丰富多彩,外面的诱惑防不胜防,于是很多女人开始恐慌,急于将身边的这个男人牢牢地控制,把男人禁锢在自己身边。可是男人的天性里,总是保留着一些青春期的叛逆,你越想套牢他,就可越对他束手无策。其实男人就像天上的风筝,只有放飞他,懂得给他自由,你才能收放自如,才能让感情历久弥坚。

徐纹奕是个有旺夫相的女人,自从嫁给丈夫以后,丈夫的官运是一

路绿灯:婚前他还在一家游戏开发公司做一个普普通通的小职员,上个星期,已经升为公司的总经理了。现在应酬对于丈夫来说是家常便饭。徐纹奕发现丈夫陪自己的时间也越来越少了。

这天晚上,丈夫打电话告诉徐纹奕今晚要陪朋友户吃饭,晚点回家。接到老公的电话,徐纹奕嘴巴就嘟了起来,心想:又让我一个人待在家。

晚上八点,徐纹奕打了个电话给老公:“亲爱的,在干吗呢?”“我们还在吃饭呢!”“还在吃啊?别喝太多酒了。”“好了好了,知道了。”老公急急挂了电话。

晚上九点,徐纹奕又打电话给丈夫,问道:“吃完了吗?都有哪些人去啊?”“还没呢。就我们几个好兄弟。”

晚上十点,丈夫还没有回家,徐纹奕又打电话说:“快回来了吗?”老公没吭声,但徐纹奕在电话里听见几个男的声音:“是不是嫂子在催了啊?哈哈。要不哥们儿早点回家呗。”

到了晚上十一点,徐纹奕一个人睡不着,心想是不是每一个男人一有钱就变坏?终于她忍不住了,在电话里大声嚷嚷:“怎么还不回来,你心里还有我吗?告诉我你们在哪!我去找你!”“你烦不烦啊!你用得着知道我在哪吗?我现在就回去。”听见老公说要回来,徐纹奕便不再追问。

可是半个小时后,老公还没回来。徐纹奕第四次给老公打电话,结果电话里响起中英文交替的职业女声:“对不起,您拨打的用户已关机。”

身在婚姻中,面对令人眼花缭乱的缤纷世界,女人保住男人最直接有效的方法似乎只有盯紧,以防变故。可是若是一个男人真的变了心,你仅仅盯住人有用吗?其实这种女人是可怜的,她们生活的目的就是守着丈夫,把他占为己有。

“婚姻是爱情的坟墓”只是不会经营婚姻的男女总结出来的谬论，其实每一个男人都希望能够在婚姻的殿堂里自由驰骋，而不希望进入了婚姻就像进入了牢笼，更不希望自己的妻子把自己当做犯人一样审问。所以，聪明的女人，爱他，就给他充分的信任，给他足够的空间和自由。

认识陈姿悦的人都说她是个傻女人，婚前爱他爱得一塌糊涂，冲破一切阻挠与他结婚，婚后一心一意为了家，悉心照顾公婆和孩子，对丈夫更是一如既往地温柔体贴，但还是不能避免丈夫出轨的悲剧。

陈姿悦的老公有能力，人长得也英俊，交际圈子很广，有很多好朋友，经常聚在一起吃吃喝喝，还常常出入夜总会，日子久了难免有相好的女子。很多人都知道这个事，包括陈姿悦的婆婆，但奇怪的是，陈姿悦好像什么都不知道似的。

每天晚上陈姿悦都习惯给老公做一碗解酒的莲子羹等着他回家喝，有时候还炖上一锅老火靓汤，给半夜回来的老公以安慰。很多时候婆婆都看不过眼，劝她不要这样辛苦，要将自己的老公看严一点，但陈姿悦只是笑笑说：“老公出去谈生意，为了家直到半夜都不能回家，自己辛苦一点不算什么。”

这是几辈子修来的福气啊！面对这打着灯笼都难找的好媳妇儿，婆婆只能自责自己的儿子辜负了陈姿悦的一片心意。

一天，婆婆将陈姿悦的这话告诉了儿子。听了母亲的话，陈姿悦的丈夫幡然醒悟，想想这些年来妻子为家的付出，他很是惭愧内疚，从此洁身自好，拒绝了灯红酒绿的诱惑，重新回到了陈姿悦身边。陈姿悦用她的大度、宽容和信任赢回了丈夫，也赢得丈夫的敬佩。

在感情生活中，自由的爱才是弥足珍贵的，男人爱你，但并非从此就从属于你。你若把他拴在裤腰带上，也许安心了，但却会让他对你产

生畏惧,如此他的心会和你越来越远。

男人是用来爱的，不应该是用来管的，何况看守他不是件省心的事,而且这样的做法常常会吃力不讨好。对待男人应该像放风筝,给他自由的生活,让他飞得高,飞得远。如果对爱失去了信心,就算你用重兵把守,还是留不住他。

男人最适宜放养,其实放养男人,对女性来说何尝不是一种自身的解放？让男人有自己的生活空间,独立的社交圈子,做妻子的也好放松一下自己,邀上三五知己,聊天、逛街……何乐而不为呢？

聪明的女人,千万不要像对待犯人一样给男人带上枷锁。如果你让他感受到的只有“有妻徒刑”的煎熬,那么他脑袋里整天想的就是怎么才能逃出你的魔掌。一旦逮到机会,他就会变本加厉地“犯错”,而且毫无愧疚。

“丈夫”,一丈之内是夫,一丈之外就是属于他自己的空间,夫妻之间隔着适当的距离,婚姻才会和谐。

3.不相疑,才能长相知

猜疑素来是爱情的死敌，会使原本美满和谐的婚姻逐渐走向破裂和死亡的深渊。我要奉劝女人,不要因为太爱他而变得疑神疑鬼。信任是爱情必不可少的养分,而猜忌是爱情中最猛的一剂毒药,它像一条蛀虫会吞噬双方的感情,时刻威胁着彼此的信任。

人们都说孟沫涓是修了几辈子的福分，才嫁给了这样一个优秀的丈夫:不仅人长得俊,年纪轻轻就当上了公司的总经理,而且还很顾家。

结婚一年多了,两人感情一直很稳定。

孟沫涓太在乎丈夫了,害怕丈夫变心。这让孟沫涓渐渐地失去了往日的安全感,开始时常背着丈夫捣鼓一些小动作。

孟沫涓会趁丈夫暂时离开时看他的手机短信,还会看他的来电显示。遇到不认识的号码,就会带着撒娇的口气盘问丈夫,非得让丈夫说出个所以然来。有时丈夫的一群哥们儿聚会,孟沫涓会叫丈夫带自己去,说是去认识丈夫的朋友,其实是提防着丈夫在外面拈花惹草。

刚开始丈夫还觉得孟沫涓这样紧张自己很可爱,但随着孟沫涓怀疑程度的严重,丈夫开始不耐烦了。每次丈夫因为忙不能迅速接孟沫涓的电话,孟沫涓就会问是不是有女人在旁边不方便接。有时丈夫加班,孟沫涓还会打电话给他的同事,核实情况,搞得丈夫很没面子。

终于,丈夫爆发了,提出暂时分开一段时间。孟沫涓说:"我真心爱你,可是你的忙碌让我没有安全感。"丈夫非但没有安慰孟沫涓,反而愤怒地说:"既然没有安全感,那就先给对方一点时间冷静一下吧,看看我们到底适不适合。"

将心比心,如果你爱的他宁愿相信那些无中生有的玩笑,也不相信你千百遍的解释,你的心肯定滴血了吧?你是否会觉得自己在爱人心目中的地位还不如一个旁人?如果你忍不住爆发,将引起一场不小的战争,如果你默默忍受,只能加剧自己内心的痛苦。

很多原本恩爱的夫妻,最终选择离婚,多是因为毫无事实依据的猜疑。夫妻间有什么事不能讲清楚?为什么要闭口不言?为什么要让小小的猜忌吞噬你们的婚姻?

女人的猜疑就像扎在感情上的一根刺,不把它拔出来,就总会隐隐作痛,时间久了它会生成病变,让感情慢慢坏死,让我们不得不去做手术,割舍掉这段曾经炙烈美好的感情。爱猜忌的女人,大都亲手摧毁了自己幸福的婚姻。

江静怡什么都好,就是喜欢乱猜忌,仿佛她的生活中处处充满着陷阱和危险。江静怡跟杨子轩恋爱时就喜欢猜疑,她经常盘问杨子轩过去的恋爱史。杨子轩向她解释,她都似信非信。那时杨子轩把她的猜疑当成女孩恋爱时的正常表现,心想结婚后对方就会有所改善。

可杨子轩错了，婚后的江静怡猜忌之心越发严重了。杨子轩玩桥牌、围棋的时候喜欢关机,她找不到杨子轩就会发狂,不但挨家挨户致电朋友的老婆，事后还直接给他的牌友棋友打电话说:“你们安的什么心？是不是想破坏别人的幸福生活？谁要是再约我老公去打牌,我就闹离婚给你们看！”这让杨子轩在朋友面前很没有面子,落了一个“妻管严”的绰号。

按照江静怡对杨子轩的要求,杨子轩不能随便和女同事讲话,这使得杨子轩和女员工讲话时常有心理阴影，总觉得妻子会从哪里跳出来大闹一顿。如果晚上有应酬,杨子轩也不敢在外面多待,常常在饭局进行到一半,大家正在兴头上时,就提前告辞。次数一多,大家就不怎么喊杨子轩出去了。

婚姻的基石就在这样的猜疑中动摇了。杨子轩不止一次动过离婚的念头,可双方的父母说,这又不是第三者插足,不属于原则问题。用杨子轩母亲的话讲,老婆是因为在乎他,才这样猜疑,但杨子轩总觉得这样的婚姻没有什么意思。

在爱情的大厦里,信任无疑是大厦的基石,是维系双方感情的纽带,是情感升华的催化剂。彼此只有以心换心,完全信任对方,才能保证爱情的历久弥新。

女人不信任男人,很大一部分原因是对自己不自信。女人完全可以有自己的社交圈,去购物、健身、旅游、学习新技能,让自己活得更有价值、更快乐。一个自信的女人是最有魅力的。自信找到了,你就会对身边的这个男人越来越放心，即使有天他走掉了，你也不会迷失自我。

信任，是给丈夫一份尊重，也是给自己一份自信。

4.与其偷翻他的手机，不如翻几本好书

“现在只要我手机扔在那儿，我女友必定会翻看我的通话记录。”一个年轻人抱怨。

“有时候看着她翻看我手机，我会突然很厌恶她，觉得眼前这个人没以前可爱了。”一位新婚男士表示很无奈。

“我老婆天生有侦探的精神，每次她都会对我的信息研究半天。一旦找到可疑信息，她会立马对我进行审问，要我坦白从宽抗拒从严。”一位中年男人感叹。

“再买一部手机呗，平时就放在车上也不带回家，原来的手机老婆爱怎么查就怎么查。”一位男士邪恶地一笑，给广大困扰中的男人们支招。

对于男人来说，这个世界诱惑太多了。作家王尔德说：“除了诱惑，我什么都能抵挡。”自从有了手机，有了网络，很多男人经受不住诱惑而出轨的案例，让女人们胆战心惊、深感不安，因此她们便开始洞悉男人小秘密并对老公的手机严加盘查。

看了电影《手机》后，季卉安像中了蛊一样，猜忌和怀疑在心中漫无边际地孳生，似乎最近丈夫的行为也开始诡异起来：平时在外面和朋友们玩得甚欢，可是一回到家就神情恍惚。

于是季卉安开始对丈夫奉行严格的“检查制度”，几乎每天都要偷

偷查看老公的手机。季卉安的行为引起了丈夫强烈的不满，让丈夫想出了各种方法进行应对。可是不管丈夫把手机藏到哪儿，季卉安都能迅速找到。

季卉安认为丈夫把手机东藏西藏的行为明显是因为“有了情况”，所以才这样对自己的行为不满。即使丈夫百般解释，季卉安还是听不进去，反而变本加厉。现在两个人常常为了手机吵架，感情越来越糟糕。

了解情况的朋友都劝季卉安适可而止，可是她似乎完全没有意识到自己有什么问题，反而觉得自己的管理方法还不够先进，才让老公有了“不忠”的迹象。

有时候女人无法控制偷看老公手机的欲望，多是出于无奈：外界的诱惑太多，男人的意志太不坚定，若是男人出轨或背叛家庭，自己将叫苦不迭。因此，女人想通过偷偷翻看丈夫手机的方式，来及时掌握第一手秘密资料，把所有可能影响婚姻稳定的隐患，扼杀在萌芽状态。

面对社会上的灯红酒绿，女人难免会有好奇：自己的男人怎能无动于衷？尤其是婚姻中的女人，更会时刻在意丈夫的手机：有没有暧昧的短信，有没有长时间通话的号码。但所谓好奇害死猫，在意归在意，感情生活中，信任是最重要的，所以女人们，请反省一下自己，别不分青红皂白地向老公开炮。

廖夏菡是个受过感情创伤的女人，现在已结婚四年。廖夏菡说自己非常珍惜这次婚姻，也非常爱这个带给自己幸福的男人。

廖夏菡的丈夫和几个朋友合伙开了家小公司，处于起步阶段所以很辛苦。有时候，丈夫加班，廖夏菡就会做好晚饭带到他的公司。看着丈夫一脸满足地吃着自己的饭菜，廖夏菡觉得幸福。丈夫常常外出应酬，每次都会带上廖夏菡，廖夏菡说：“这都是老公爱我的表现。”

可是廖夏菡发现，最近丈夫开始找各种借口晚回家，不再让她送饭,聚会时会以各种理由拒绝带她。以前,她没事时总喜欢登录老公的QQ,偷偷翻看老公的手机。现在,老公的密码修改了,手机也随时带在身上。廖夏菡感觉自己的婚姻出现了问题,上班时思想不集中,被老板批评了好几次。

那天晚上回到家,廖夏菡第一次对丈夫狂喊:“我到底做错了什么?你要这样对我。”没想到,平日里很绅士的丈夫狠狠地回道:“难道你不觉得你管得太严了么,我一个人在外面已经很辛苦了,回到家也想轻松一下。”廖夏菡瞬间明白了,自己的浓浓爱意已经压得老公喘不过气来。

廖夏菡明白了,咖啡太浓就会变苦,于是开始调节自己的心态,试着给彼此适度的自由空间,不再用电话追踪老公的去向,不再偷翻老公的手机。忍不住想翻看老公手机的时候,她会静下心来,泡上一杯白茶,翻看几本有意思的书。

经过廖夏菡的一番努力,现在两个人的关系明显有了好转,丈夫开始像从前一样向她倾诉一些工作上的事情。

女人总有一种不安全感,特别是结婚后的女人,觉得自己人老珠黄,敌不过“小三”的青春美貌。于是,她们担心丈夫在工作之外,藏匿着秘密情人。

其实,与其为丈夫会不会变心日夜提心吊胆,不如提升自己,依靠自己的魅力吸引丈夫。

无情的岁月会洗刷每一个女人的容颜,却带不走女人的思想。何况,即便是美女,天天看,也会失去美的感觉。所以,女人要懂得丰富自己的内在,不断充实自己,不断给自己补充营养,让自己的优势不断增多,让丈夫刮目相看。

知识是女人升值的保证,“女子无才便是德”对现在的女人而言早已是陈年往事了,如今社会对女性的要求正好相反,“女子有才才是德”。睿智达观的才女在职场中要比美丽的“花瓶女郎”更受欢迎,而在家庭中,才女也比“花瓶”具有更持久的吸引力。

请你把做“侦探”的心思和时间节省下来去读几本书,汲取自己所需要的养分,接受一些新信息、新知识,或者提高自己的专业技能,拓展自己的涉足范围,并列出自己的长期和短期目标,朝着梦想前进。如此,你才会跟上男人思想的脚步,做一个永远充满魅力、朝气、自信的女人。

5.爱可以请求,不可以要求

男女在谈恋爱的时候,女孩子往往被娇宠成公主,男人对其千依百顺,有命必遵。但是当两个人走进婚姻的时候,女人往往还带着这份公主的傲慢,对男人呼来唤去,可婚姻里的男人再也不会像恋爱时那样心甘情愿地当牛做马了。

男人向来是有大男子主义的,天生就有着倔强的尊严。他们是很自我的动物,但会在恋爱的时候为了取悦女友暂时隐藏起大男人的自尊心。

如果你依然每天像女王一样指使他,要求他,他怎么能受得了?

燕穆清和丈夫刚结婚的时候,不管让丈夫做什么事情他都是乐呵呵的,可是一段时间之后,她发现这样的“命令”失效了,然而在丈夫的纵容下,她已经养成了女王习惯,终于在一次老公甩门而去之后,燕穆清明白:你在逼男人为你付出,为你做事的同时,会逼走男人的心。其实想想,那天的家庭战只要自己稍微勤快一点,完全可以避免。

“垃圾满了,你去倒一下。”燕穆清温柔地说。

“等一下，我看完这段就去。”丈夫正在兴致勃勃地玩游戏。

“你怎么还没去倒啊？”燕穆清虽然还保持着温柔的语调，但是语气中已夹杂着责备。

“嗯。”丈夫仍然趴在电脑桌上，纹丝不动。

“垃圾你什么时候去倒！”燕穆清气愤地喊道。

丈夫没有回答，只是看了燕穆清一眼。

燕穆清没想到丈夫会变得这么懒惰，大声喊道：“我都说了多少遍了，你就知道玩游戏，让你倒个垃圾都这么不情愿，看来你也不知道关心我，我嫁给你这样的男人真是……”对此，丈夫狠狠地说了一句“你真是不可理喻”就摔门出去了。

从那以后，燕穆清迅速调整策略。当她想让丈夫做某件事情时，总会温柔地圈住老公的脖子，说几句甜腻的情话，再趁机说出要求的时候，对此老公通常都会同意。若是第二次要求的时候丈夫还没去做，燕穆清就会实施“自己动手，丰衣足食”的应对政策。

没有人喜欢被命令，被指使，尤其是男人。如果你想要他做什么，在他耳边温柔撒娇，胜过大吼大叫命令。

青竹的丈夫一直有胃病，却总是不注意。一次到吃饭的时候，丈夫还在看报纸，青竹是心疼和关心丈夫的，专门给丈夫煲了汤，但是话到她嘴边却变了味道：“还磨蹭什么呢，自己有胃病又不是不知道，赶紧过来吃饭，小心得胃癌。”

这一句话说得丈夫脸色铁青，心想她竟然咒我得癌症！两个人为了这个吵了一架，青竹觉得自己很委屈。

其实，如果青竹能温柔一点，用柔和的语气说话，事情就不会变成这样。

生活中的琐碎会慢慢销毁爱情。男人最受不了的就是被人命令,不管女人话里含有什么意思,那种命令的语气都会让男人产生一种反感。

女人要记住,如果你一直提醒男人做某件事情,男人却纹丝不动,就说明他压根儿不想去做这件事。男人只有愿意才会付出,他不会像执行任务一样去做事。你不断地重提只会浪费时间,导致争执,说不定争吵后,事情还得你自己处理。所以请在第二次仍然叫不动男人的时候自己动手。

6.即便是家庭主妇,也不要把生活主题变成每天等他回家

回忆一下,你们热恋时的状态是不是如胶似漆、形影不离?他在你身旁时,你是不是时刻牵着他的手?他不在你跟前时,你是不是没有他的短信安不下心,没有他的电话就睡不着觉?

然后你们结婚了。你工作的时候,是不是每隔一小时就要给他发一条信息,每天中午都要给他打电话?你是不是因为他不接电话而忧心忡忡,影响了自己的工作?

再后来你生了小孩,放弃了工作,全身心地投入到家庭中去时,你生活的主题是不是除了照顾孩子收拾家务,就是每天等他回家?

如果以上问题的答案都是"是",那么很不幸,你正在逐渐失去自己。

亲爱的女人,你是否察觉到,除了思念和等待,你已经很久没有做

过其他有意义的事情了？你是否察觉到，你已经很久没有和父母聊天了？你是否意识到自己已经好久没有和朋友出去逛逛街喝喝茶了？

话说“男追女隔重山，女追男隔层纱”，同事联谊会上，刚进单位的方媚娴对薛韦昊一见钟情，薛韦昊伟岸豁达，让方媚娴不知不觉地想要依靠。一个月后，在方媚娴的追求下，薛韦昊沦陷了。

恋爱不久，方媚娴便从单位宿舍里搬了出来，和薛韦昊在外面租了间小屋，两个年轻人完全沉浸在生活的新鲜和激情中：一起上班，一起用午餐，下班一起买菜烧饭。

一年后，在同事们的祝福声中，方媚娴和薛韦昊结婚了。那一年，薛韦昊从一名营销员升职为部门副主任，应酬开始多了起来，经常晚归，对此方媚娴有了微词：“我辛辛苦苦做的饭菜都凉透了。”听到方媚娴撒娇的嗔怪，薛韦昊心里有点自责，对外面的饭局能推则推。

由于薛韦昊在工作上的表现突出，所以在短短时间里，他又升职了。方媚娴在众人羡慕的眼光中愈发对丈夫体贴入微起来：上午塞给丈夫一个削去皮的水果，下午给丈夫冲一杯咖啡，有事没事，发个短信问候。方媚娴本以为，自己的这些关爱会让薛韦昊无比幸福，可没想到在同事们的眼中，自己这样的行为有了矫情和秀恩爱的嫌疑。

那次，薛韦昊接了一个外地的考察团，晚上请全体团员吃饭唱歌。深夜薛韦昊拖着疲惫的身体回家时，方媚娴却缠他陪自己听刚刚买回的一盘CD，然后拉着已经睡眼惺忪的丈夫到厨房喝百合莲子粥。对丈夫处处献殷勤的方媚娴，怎么都没想到，薛韦昊会冲着自己大嚷道：“我累了，你不要每天这样无休止地缠着我，我需要空间！”

《缘分的科学》说：“夫妻关系犹如河中的两根柱子，间隔越近，在两根柱子之间张网捕鱼就越容易，但收获却少。反之，柱子拉开一定距离，在其间张网捕鱼虽然不易，但收获却能很大。”有些女人在爱情中常一

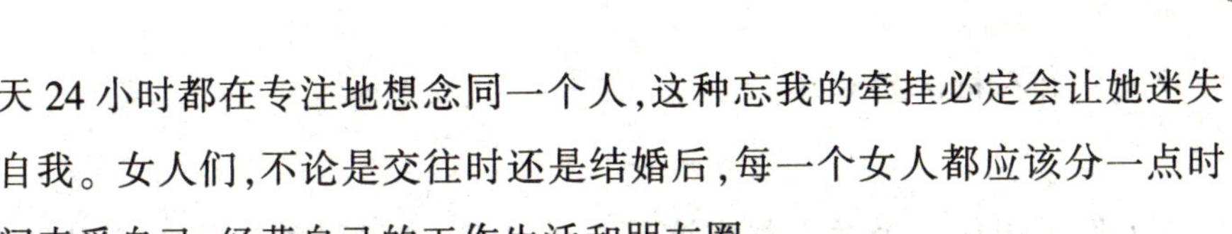

天24小时都在专注地想念同一个人,这种忘我的牵挂必定会让她迷失自我。女人们,不论是交往时还是结婚后,每一个女人都应该分一点时间来爱自己,经营自己的工作生活和朋友圈。

要想呵护好我们的爱情,其实很简单,那就是保持一定的距离。夫妻整天生活在一起,抬头不见低头见,难免会因为鸡毛蒜皮的事情而发生争吵。争吵中,妻子一气之下回了娘家,三五日之后愁消气解,便会对丈夫凭添几分牵挂,而独守空巢的丈夫也会因此发现妻子的重要,增添了对妻子的理解。爱情就像仙人掌,不需要太多的水分,你若日日浇灌,结果可想而知。

在一次聚会中,当大家谈到女性独立的话题时,蔡文蕙深有体会地说:“作为新时代的女人,婚后你一定要有自己的工作和生活圈。千万别因为结婚而改变自己原来的生活方式,不然只能哑巴吃黄连。”

原来,儿子出生后,蔡文蕙的丈夫就让蔡文蕙辞去工作,安心在家带孩子,自己挣钱养妻儿。对此蔡文蕙感到很欣慰,认为自己选择的男人是个大丈夫,一心为家考虑,会体恤自己。刚开始丈夫还是不错的,只要有空就会回家帮忙做家务事,陪孩子。可是时间长了,丈夫不再没事就回家了,而是常常和同事打球或是和朋友出去吃饭唱歌,很晚才回家。

一两岁的小孩是最难带的,要喝奶,换尿布,还常常哭闹。蔡文蕙一个人带儿子,每天都很累。看到丈夫一点也不理解自己,她常常生气,对此丈夫却说:“不就是带孩子吗?我在外面辛苦工作,养家糊口,你现在不是没有工作么?”听了丈夫的话,蔡文蕙只能把眼泪往肚子里面吞。

蔡文蕙用自己的切身经历,告诫还没有结婚的朋友们:“婚后你若真甘愿在家相夫教子也没事,不过千万不能没有自己的朋友圈,不然失去了朋友,连个诉苦的地方也没有。”蔡文蕙打算,等儿子上幼儿园,自己再也不想当全职太太了,她要找一份工作,因为她明白,女人只有经

济独立才有人格上的独立。

工作对于每一个女人都应该是一种享受，它除了能让你收获报酬，更重要的是能让你收获生活的乐趣，更证明自己的价值。

真正的爱，一定是有弹性的。给予所爱的人的最好礼物是自由。拥有自由的爱，牢固而不死板，缠绵但不乏腻。人们经常说“距离产生美”，彼此间有一点距离的张力，有一点自由的空间，才能营造出一种朦胧之美，才能相看两不厌。

在感情生活里，不管男人还是女人，都需要一些空间，这不仅仅是指物理的空间，还指心灵的空间。那种没有缝隙、如牛皮糖一样的爱是可怕的，它会让爱情会因为失去了自由的呼吸，走入窒息的困境。

第八章

少赌气多冷静，
感情用事给不了女人幸福

1.即使对爱情失望，也不能随便找个男人嫁掉

或许曾经那个你爱得死去活来的人，最后背叛了你；或许你曾经为之放弃了学业、亲情的人，最后为了自己的前程远走高飞；或许曾经与你你侬我侬海誓山盟的人，决绝、狠心得令你心寒。

女人，为什么受伤的总是你。受伤的时候、最脆弱的时候，也是最危险的时候，女人在这时候，一定要挺住，一定不要任性地放纵自己。胡乱抓住的这根救命稻草，很有可能成为再一次刺伤你的利剑。

"施焕灵被甩了"，这个消息像一颗炸弹投放在了这次的同学聚会，同学们像炸开了锅一般地沸腾了起来。"这个美女竟然被甩了，她可是曾经风靡整个高中的校花啊。"这样的消息让所有人都不敢相信，有人叹息，有人挖苦，还有人觊觎，就连施焕灵自己也难以接受，饭局还没结束，她就悻悻地离开了。

那可是一段在人们羡慕的目光中走到一起的爱情，那可是经历了五年的感情，怎么说断就断了呢？施焕灵开始一蹶不振，整日泡在酒吧里。而杨帆，这个追求了施焕灵多年的老同学在这个时候，扮演起了英雄的角色。

在施焕灵低落的这段时间里，杨帆天天陪着她，一起喝酒，一起K歌，一起申诉人生的愤懑。施焕灵毫无保留地对杨帆讲自己和前任男友的事情，说前男友是陈世美，狼心狗肺。这时杨帆的温柔，成了施焕灵唯一的港湾。

也许是日久生情，施焕灵渐渐对杨帆有了好感，而此时的杨帆觉得

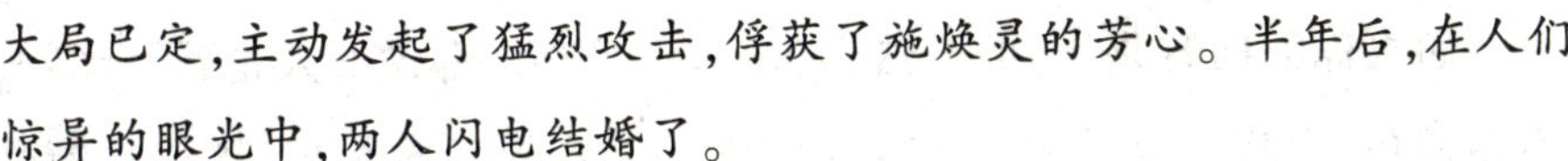

大局已定，主动发起了猛烈攻击，俘获了施焕灵的芳心。半年后，在人们惊异的眼光中，两人闪电结婚了。

但婚后的施焕灵并不幸福，即使丈夫对她热情似火，她却不能给予热情地回应。这时施焕灵清醒地认识到自己对杨帆的不是爱，也许自己当初只是把他当成了填补内心空缺的替代品，把他当成了情感上的补偿。

施焕灵后来在闺蜜们面前诉苦："我不爱他，但我狠不下心来离婚，我后悔了，女人真的不能在脆弱时胡乱依靠肩膀。即使要一个人慢慢疗伤，女人也不能将眼泪轻易流在他人的怀抱里。"

女人在失恋时，感情受挫时，会变得脆弱不堪，缺乏警惕性，常常做出傻事。被痛苦蒙蔽了双眼的你，会看不清事实的真相，等到复原且神智清醒时，会发现自己犯了一个低级可笑的错误，但通常这时候，大错已经铸成，一切都无法挽回。

因此，为了自己、为了爱情、为了以后的幸福，请女人们一定要记住，不管自己对爱情如何失望，自己如何需要人来安慰，都不要随便借肩膀来依靠，不要轻易将眼泪示人，不要轻易将自己过去的伤痛完全暴露在人前，更不要"刚跳出火坑又入狼窝"，轻易和别人恋爱。这时候你并不需要另一份感情来填充自己的感情，而需要疗伤。

2.遭遇父母反对的婚姻，要三思而不要固执到底

你是不是抱着爱情至上的精神为爱奋不顾身？

你是不是为了爱情抛弃了亲情和友情？

如果你的回答是"是的",恭喜,你勇气可嘉。都说女人是感情动物,不要面包,只以爱情为食。许多女人坚信"只要有真爱在,哪怕吃糠咽菜;只要男友人好,不管薪资多少"。可当女人们和那个爱得死去活来的男人结婚,在单纯的爱情和坦荡的誓言遇上残酷的现实时,才知道自己摔得有多惨痛,曾经的想法有多不现实,才会开始后悔自己没有听父母的劝告。

俗话说"不听老人言,吃亏在眼前",父母的人生阅历比我们丰富,走过的桥要比我们走过的路多。当女人们被爱情迷昏头脑时,父母往往能一眼看出两人之间不协调的地方。所以,女人们在选择老公的时候,对父母挑三拣四的"偏见",是有必要听一听的。遭遇父母反对的婚姻,你要三思而后行,而不要固执到底。

在叶子雪的字典里,没有金钱这个词语。当所有的人都认识到金钱的重要性,甚至有同学成了拜金女的时候,年少轻狂的叶子雪还是视金钱为粪土,单纯地认为:爱情就是爱情,不可以掺杂太多的东西,金钱、欲望、利益一旦考虑进爱情里,那这份爱就不纯净了,就变质了。

叶子雪喜欢上了一个并不优秀的男人, 不为别的, 就为他对自己好。父母打一开始就反对两人在一起,他们对叶子雪说,你太不现实,想法太幼稚,更是撂下"钱不是万能的,但没有钱是万万不能的"这句话。但叶子雪不听,父母的反对更坚定了她和那个男人在一起的决心。叶子雪在那份感情里,全凭感觉走,什么家庭背景,什么优越条件,什么工作,她统统没有想过,也不在乎。

父母的话一语成谶,从步入婚姻殿堂到成为三口之家,叶子雪终于体会到没有钱的痛苦,丈夫虽然对她不错,但他那点工资连自己都养不活。有了小孩,家庭开支不断上涨,家庭的重担几乎全落在了叶子雪一个人的肩上。

工作的压力、家庭的负担,再加上一个没有上进心的老公,叶子雪

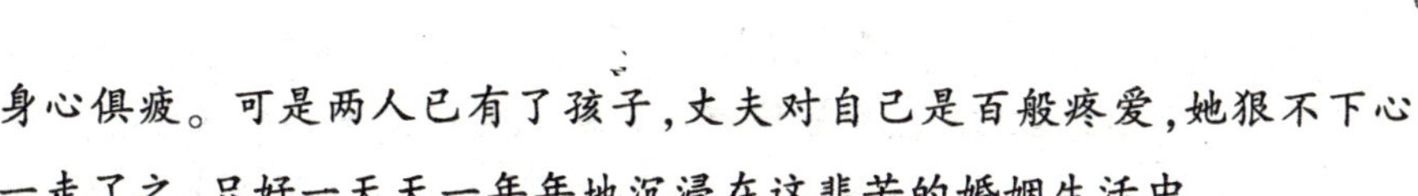

身心俱疲。可是两人已有了孩子,丈夫对自己是百般疼爱,她狠不下心一走了之,只好一天天一年年地沉浸在这悲苦的婚姻生活中。

每次回娘家,叶子雪都会和母亲抱头痛哭。母亲常疼惜地说:“这几年小雪一下老了好多,当初为何这么傻。”

谈恋爱不是买衣服,不喜欢了可以丢掉去买新的。爱情往往是当局者迷,旁观者清,所以不妨让父母为你的爱情把把脉,给你未来的老公把把关。很多时候,父母在儿女的婚姻问题上会很挑剔,他们不是不支持你的爱情,而是想让你幸福。

汤雨柏从结婚到离婚,这一路走来,简直是一部现实版的《当婆婆遇上妈》。

汤雨柏的恋爱一直很顺利很甜蜜,从大学到谈婚论嫁,历时七年。但是,在双方家长见面时,却发生了一个不小的问题。在饭店吃饭的时候,汤雨柏男友的母亲对嫁妆的要求,大大超出了汤雨柏父母的预计,所以汤雨柏的母亲当场就对两人结婚表示反对。

饭局还没有结束,汤雨柏的父母就拉着哭哭啼啼的汤雨柏回家了。母亲说:“这现在不是嫁妆问题了,而是他们家人的品质问题。等你们结婚,我们就是一家人,可是女儿你看,他的母亲对我们蛮横无礼,将来对你能好到哪里去?我怕你嫁过去会受苦。”

面对母亲的担忧,汤雨柏表现出一副满不在乎的态度。汤雨柏很爱男友,所以面对男友家的狮子大开口,她觉得问题不是出在男友身上,而是出在未来婆婆的性格上。汤雨柏觉得自己绝不能因为婆婆的性格和自己母亲的反对而放弃结婚,经不起父母反对的爱情未免也太经受不起考验。

于是,汤雨柏在家绝食抗议,男友也到她们家跪地求情。前途是光明的,道路是曲折的,最后汤雨柏的母亲终于放弃了,汤雨柏和男友在祝福声中走上了红地毯，大家坚信汤雨柏从此会过上幸福的生活。

汤雨柏本以为，只要他们结婚，婆婆会把自己当成一家人看待，但是，婆婆的蛮横彻底粉碎了汤雨柏的美好幻想。丈夫是个大孝子，对自己的母亲从来不说一不二，而汤雨柏婚后一直生活在婆婆的压迫之下，于是原本温馨的家，天天充斥着争执和吵架，汤雨柏怪老公不护着自己，丈夫又怪汤雨柏不体谅婆婆。最后，夫妻关系破裂，汤雨柏打包回了娘家。

汤雨柏对朋友们说："当时真应该听妈妈的话。"

恋爱中的人智商总是很低，恋爱中的女人智商更低。爱情让女人们看不到对方的缺点，看不到未来生活中的隐患。但是你的父母要比你理智客观得多，看人也拿捏得更准，他们能一眼看出对方的陋习和你们婚姻生活中的风险。"多听老人言"并不是要你放弃自由恋爱，对父母的话言听计从，而是要你在恋爱的时候，多听听父母的看法，多想想父母反对和支持的理由。常常，父母的话能把你从美好的爱情幻想拉到现实中来。

当然，有时候，父母也会因为一些小问题或者一个片面的想法而否定一个与你真心相爱的人，毕竟你父母和对方相处的时间远远不及你们相处的时间，会产生一些误会。所以当父母有反对意见时，聪明的女人不会当场辩驳，而会先感谢父母的提醒，然后三思，通过观察和思考，看父母所说的问题在男友的身上是否存在。

郎怕入错行女怕嫁错郎，婚姻是女人生命中的一个转折点，在此之后，你会离开父母，离开原来的家庭，与另一个男人组成新的家庭，或者融入另一个家庭。在这个关键时刻，女人千万不要赌一时之气，赔上自己一生的幸福，一招不慎满盘皆输。结婚前，女人一定要睁大眼睛看清楚对方是不是可以给你幸福的男人，多征求父母的意见。遭到父母反对的婚姻，你一定要三思而后行。

3.剩女,不要因父母的唠叨而委曲求全

你身边的朋友是不是一个个步入了婚姻殿堂?

你的父母是不是开始三天两头为你张罗着相亲?

你的亲朋好友是不是怀疑你有独身主义潜质了?

如果回答是"是",恭喜你,你已经成功步入了光荣的"剩女"一族。身为剩女的你,有压力么?有成为结婚狂的倾向么?

爱情是在合适的时候,遇上合适的人,去完成一件合适的人生大事——结婚。剩女们,不要着急,晚婚总比离婚好,走桃花运固然好,但烂桃花绝对要不得,不要因为父母的唠叨而让自己委曲求全。爱情,宁缺毋滥。

陶芝俏是自得其乐的剩女,虽说是已过三十岁,但她的桃花运也接连不断。

陶芝俏新交的的男友长得帅,家境也好,可惜是个纨绔子弟,天天无所事事,陶芝俏很看不起这样的男人。虽然陶芝俏不喜欢他,可耐不住他一箱一箱地把水果往家里送,对此陶芝俏的父母都劝说道:"你都三十多的人了,还挑什么?""条件这么好的男人哪里去找?""赶紧结婚吧,也给我们生个大胖小子。""你看你小学同学张丽丽的女儿都上小学一年级了。"

于是,在父母的唠叨下,两个人决定结婚了。可是婚后陶芝俏一天天地发现两人并不合适,她不喜欢丈夫那些乱七八糟的朋友以及大男子主义。

一次，在参加丈夫的同学聚会前，丈夫要给陶芝俏买套新衣服，选了很久，丈夫看上的，陶芝俏始终看不上，不过最后陶芝俏还是顺着丈夫的意思买了。在买鞋子的时候，丈夫非要给陶芝俏买双高跟鞋，说她穿起来肯定很漂亮。可是陶芝俏身材高挑，根本就不用穿高跟鞋，而且她一直穿38码的鞋子，丈夫却作主给陶芝俏买了双37码的。

晚上参加丈夫同学的聚会时，陶芝俏无疑给他挣了不少的面子。回到家，陶芝俏的脚疼得厉害，脱下高跟鞋一看，脚已经磨出了好几个大的水泡，有一个水泡都破了。

看起来那么漂亮的衣服和鞋子，看起来那么完美的婚姻生活，到底是好是坏只有自己心里清楚。陶芝俏忽然间再也不想忍，不想凑合了。她不想让自己的一生都和一个这么大男子主义，从来不过问自己感受的人一起度过。

选男人如选鞋，鞋子舒服不舒服只有脚知道。舒适的鞋子能养脚，但不一定拥有最漂亮的款式。如果你的鞋子漂亮但特别挤脚，就要趁着还没把脚挤伤的时候，换一双穿，千万不要因为漂亮的鞋子能得到别人的称赞，而自欺欺人装出一副幸福的模样，否则，苦果只能由你自己来吃。

很多剩女总是想随手抓一个男人，随便谈一场恋爱，这样就可以不用再一个人吃饭，一个人逛街了，更不必让父母再为自己操心了。可是这样鲁莽的爱情，这样委屈的爱情，在轰轰烈烈的热恋过去之后，剩下的就只有受伤的心。所以剩女们，不要为结婚而结婚，不要因为父母的唠叨而委曲求全，更不要为摆脱寂寞而谈恋爱，要相信，命中注定的那个人，就在不远处等着你。

颜蔓纹眼看着自己一天天老去，却还不曾结交过真正意义上的男朋友，便开始期待自己能轰轰烈烈地爱一场，然后步入神圣的婚姻

殿堂。

春节刚过，颜蔓纹的母亲便不再像前几年那样笑嘻嘻地催促着颜蔓纹找男友,而是隔几天就安排她去吃饭相亲。可是一个人寂寞地生活了三十年的颜蔓纹,虽然急于找到可以排遣寂寞的另一半,却并不接受父母的安排。

在这时候,颜蔓纹遇到了李章。那是一个很平庸甚至是没有一点特色的男人,但他却对各方面条件都优于自己的颜蔓纹展开了追求。而正被寂寞煎熬和父母唠叨着的颜蔓纹居然不顾一切地答应了他。人们都说颜蔓纹的这份爱情太草率了,连母亲都说这个男人不可靠。可是颜蔓纹对母亲说:“不是你成天让我谈恋爱,让我嫁人的么?现在我结婚给你看。”于是,颜蔓纹搬到了李章家里,还从家里偷出户口薄和李章秘密结婚了。

颜蔓纹本以为有了爱情就可以改变寂寞的现状，哪知婚后自己更孤独——心灵上的孤独。她与李章性格差异很大,在学历、家庭背景、社会经历等方面都有着不可调和的差异，在一起生活的短短时间里两人矛盾频发。半年后,他们正式展开了冷战。

剩女面对闺蜜们夫妻双双把家还，面对父母唠唠叨叨地催促自己结婚时,的确会羡慕婚姻,会迫不及待。她们像座孤单的灯塔,越来越渴望一个伴侣,一个家。

于是很多剩女为了脱离大部队,勇敢地结婚了,甚至没来得及好好地考虑对方能否给自己带来一辈子的幸福，没有考虑对方是否值得托付终身。如果你们没有相爱的基础,即使结婚又如何?如果你们没有心灵上的交流和契合,在婚后只会陷入另一个困境。

所以,剩女们,不要为了恋爱而恋爱,不要为了结婚而结婚,不要因为父母的唠叨,而委曲求全。没有经过细心挑选,种下的一颗坏种子,怎么可能开花结果?

4.绝不要因年纪而降低选择男人的标准

年少轻狂的时候,你是否仗着自己年轻的资本和姣好的容貌,趾高气扬地对男人挑三拣四?你是不是外貌主义和现实主义的忠实会员?是不是太矮的男人不要,太胖的男人不要,五官不正的男人不要,大男子主义的男人不要,娘娘腔的男人不要,没有稳定工作的男人不要,花花肠子的男人不要?

后来,你"奔三"了,在挑三拣四的过程中沦为了"剩女",青春不再红颜老去,是不是就低下了高贵的头颅,在好男人都结婚了的大背景之下,降低了选择男人的标准?你是不是想着"凑合着过吧,就这样吧",就草草地将自己的终身幸福交付给一个不太理想的人选。

一失足成千古恨,一旦你第一步走偏,往后再怎么缝缝补补都无济于事,只能任由爱情残破不堪,婚姻支离破碎。难怪社会上有那么多优秀的"三高剩女"挑剔,因为挑剔是女人在对自己负责,挑剔的女人深知草率的婚姻的悲剧。沦为剩女,并不代表你可以随便找个人嫁了,该挑的时候你还是要好好地挑一挑。

在朋友们心目中,周翘荷是一个事业型的女强人,开了好几家服装连锁店,可是她一直忙着自己的生意,完全不为自己的婚姻生活操心。朋友们都劝她好几年了,可她已经三十好几,还没有结婚。

不仅朋友急,家人也替周翘荷着急,他们总是在周翘荷耳边说:"不要再挑了,越挑条件越差,有合适的就嫁了吧。"一开始周翘荷很坚持自己的独身理念,想先忙事业,过几年再谈婚论嫁,但随着年龄的增长,约

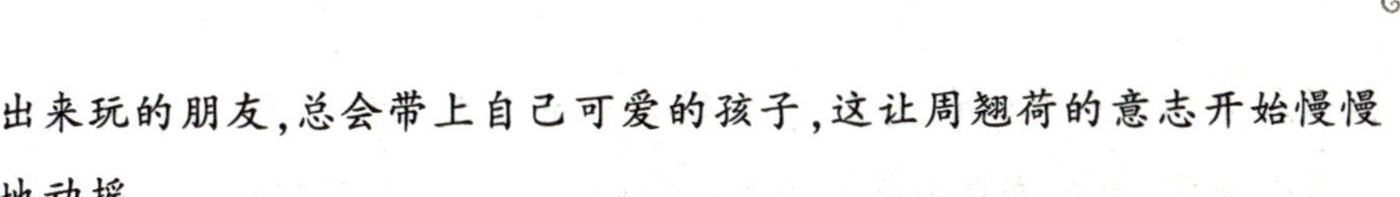

出来玩的朋友,总会带上自己可爱的孩子,这让周翘荷的意志开始慢慢地动摇。

在一次相亲上,周翘荷遇到了吴为峰。虽然吴为峰的家庭环境不如周翘荷,但吴对她很不错。一些生活细节吴为峰都会体贴地想到,这对一直大大咧咧的周翘荷很是管用。虽然周翘荷不太喜欢吴为峰那种过于热烈的性格,更喜欢稳重些的男人,但吴为峰的关怀让她自己孤独的内心很是温暖,加上自己年龄的问题,周翘荷妥协了。很快他们在朋友的祝福声和父母欣慰的笑容中,步入了婚姻的殿堂。

可是婚后周翘荷才发现,当初吴为峰对自己的狂热追求只是一时的激情,等结婚了,吴为峰就完全变了,不仅没有了当初的体贴,还总是伸手向她要钱,只要手头一有钱就请朋友吃喝玩乐,经常凌晨才回家。

周翘荷彻底崩溃了,她想,要是以前遵从自己内心的想法,找个稳重的男人,就不会让自己受伤了。

爱情是很多女人的生命,有些女人一旦爱上了再想全身而退就异常艰难。如果因为一时的错爱,而造成一生的遗憾,实在不值。

找到适合自己的男子很难,要讲究天时地利人和。当女人年龄越来越大时,心就会越来越慌,以致找个男人草草地嫁了,然后过着备受煎熬的日子。所以,女人在选择男友和老公时一定要擦亮眼睛,千万不能因为自己的年纪而放弃男人的要求。

当年在大学里追求殷紫烟的人多到可以从宿舍门口排到食堂了,而如今在职场上,她也不缺乏追求自己的男人,但已经三十五岁的殷紫烟仍然不准备把自己托付给其中的任何一个。面对母亲苦口婆心的劝说,殷紫烟斩钉截铁地说:“我要嫁一个与我真心相爱又踏踏实实勤勤恳恳的男人。”

曾经,一个富二代热烈地追求过殷紫烟,甚至用绝食以示其诚意。

当时殷紫烟的姐妹们都羡慕极了，因为那男人又帅又多金，而且对殷紫烟真心诚意，所以都来劝殷紫烟答应他的追求。但殷紫烟摇摇头说："这样的男人根本无法承担家庭的重任。"

如今，三十五岁的殷紫烟仍然坚持不懈地等候自己的真命天子。终于在一年后，她爱情的春天来了，她遇上了一个叫张浩轩的人。交往半年之后两人结了婚。

当所有的人都认为这个俘获殷紫烟的男人肯定非常优秀的时候，张浩轩让人失望了。他长相普通，是一个普普通通的公务员。

张浩轩没有轰轰烈烈的情感表达，却是在一点一滴真心付出，殷紫烟实实在在地感受到了自己在他心目中的地位。于是，她嫁给了他。婚后殷紫烟过得非常幸福，她很欣赏张浩轩在文学方面的才华，所以经常在不经意间露出满足的笑容。

女人们，在选择结婚对象时，要找能让自己快乐和幸福的男子，千万不要盲目地就从，不要因为年龄去凑合，不要因为青春逝去而降低选择男人的标准，不要刻意地改变自己。既然已经坚持等待了这么久，就再坚持一会儿，相信你的真命天子很快就会出现。幸福是自己的，你要好好爱自己，让自己快乐，对自己负责。

5.不因别人的闲言碎语而将自己凑合嫁掉

如果有一天你谈恋爱了，是不是很在意别人的评价？是不是害怕他人对你的爱情评头道足？是不是因为别人不对你们的爱情抱有希望就打算放弃这份感情？是不是因为他人看好你们的爱情，就有立马奔去民政局领证的冲动?女人是不是天生方向感就不好,所以在遇到十字路口时会跟着大家走?

女人其实是缺乏安全感的动物,渴望被他人认同和肯定。所以,很多女人选择踩着别人的脚印走,努力让自己,甚至让自己的男友和老公,符合大众的胃口。

其实,女人们应该学会独立思考,对爱情要做出自己的选择。不管别人奔向哪里,你都应该保持冷静,不盲从,不偏听,坦然地审视自己,确定自己人生的方向,找到真正属于自己的幸福。你千万不要因为别人的闲言杂语而将自己凑合地嫁掉,合不合适只有自己清楚,何须别人多费口舌?

在现代都市的浮躁与繁华下,许多人纷纷在这个纸醉金迷的城市里迷失了自己,不知道要追求什么,但向小凡是个例外。

向小凡是来自贵州的一位深圳打工妹,经历了五年在外拼搏的生活,却依然保持着农家女孩的本色。看着同宿舍的其他女孩都交上了男朋友,现在还是"单身贵族"的她并不羡慕。

朋友看她老大不小了,都劝她找个男友,一来可以排遣一下单身生活的寂寞;二来男大当婚女大当嫁,向小凡也该考虑一下个人生活了。

可是向小凡对朋友们说:"我当然要找男朋友,但我会回家找个本分的男人,因为我的根不在这里。我出来只想多挣点钱,一些寄给家里供弟弟妹妹读书,一些留着给自己置办嫁妆。我只想努力工作挣钱,然后回家安安稳稳地过日子。"

"我的那些姐妹,很多都不甘心在流水线上做蓝领,绞尽脑汁地去傍大款,但嫁给那样的男人能幸福吗?"向小凡淡然地说。

一味从众的女人是可悲的,她们根本不知道该怎样爱自己,总是在犹豫不定中度过每一天,就连谈个男朋友都要请示别人的意见。寻求他人赞同没必要建立在牺牲自己想法的基础上，否则只会迷失自己，活不出属于自己的人生。

女人们，千万不要因为众人的诋毁或者赞同，而去评定一份感情，也千万不要为了任何人的引导，从而泯灭了自我的生活方式。若你想要出类拔萃，做个独具个性和风采的女子，就应走自己的路，让别人去说！

朋友们都说路寄瑶有福分，找到了这么一个体贴又温文尔雅的男子。他在生活中对路寄瑶无微不至，还常常带路寄瑶出去旅游。而路寄瑶也一直认为自己很幸运，找了一个帅哥，一个被众姐妹羡慕的白马王子做男友。

虽然说男友有时候有点孩子气，有点小霸道，不过朋友们劝她说这样的男人才有男人味儿，死板的男人才无聊。于是，路寄瑶嫁给了这个姐妹们都看好的男人。

可是直到结了婚路寄瑶才发现，幸福只是一场给别人演的戏，在舞台下面，自己已经沦为这个人人都看好的优秀男人的奴隶。丈夫比路寄瑶小三岁，表面上家境显赫，在外资企业里做主管非常自信，但实际上，他的内心非常自卑，所以需要一次又一次借对路寄瑶的征服和虐待，来确定自己的权威与魄力。

在这桩外人叫好的婚姻里，男主角从不承担任何责任。而可怜之人必有可恨之处，路寄瑶为了不被别人笑话，每次在丈夫动粗时，都会苦苦哀求，对方不要别打自己的脸，因为那样会被别人看到，很丢人。她以为哀兵政策会软化丈夫冷酷的心，让丈夫有所改变。

路寄瑶这一忍就是近十年，她说，自己总以为他还小，耍小孩脾气，忍一些时间，他就会浪子回头。但她不知道这种看起来英俊文雅，但人格并不成熟的男人，根本不适合做丈夫。

幸福如同穿鞋，是否舒服只有自己知道，并不是做给别人看的，所以,为了路能走得远一些,为了不让自己太苦太累,你一定要选择舒适比漂亮多一点的鞋子。只有适合你的人才能与你共度一生,才能让你收获幸福。

6.即使是冲动结的婚,也不要冲动离婚

据民政局的工作人员介绍,现在的八零后结婚的多,离婚的更多。你的身边是否有人不顾父母的反对,和一个男人私奔了?你身边是否有朋友与他人一见钟情闪电结婚?

如果你就是那个闪婚的人,那么当轰轰烈烈的爱情趋于平淡,当信誓旦旦的爱情变成柴米油盐的烟火生活,你们的小吵小闹也会随之变成家常便饭。当有一天你们发生了矛盾,吵得不可开交,甚至其中一人扬言离婚时,你千万不要天真地以为自己还如年少时一样秀美可人,可以轻易找到另一份情投意合的感情。

女人的年龄越大,跟陌生人磨合的成本越高,经历过婚姻生活的你耗不起那个精力。就算你是如花美眷,也敌不过似水流年。所以,千万不要因为一些小矛盾就大闹分手。就算你曾经冲动结婚,也不要冲动离婚,因为婚姻需要一个磨合期。

焦雅莉和男友是在一次朋友安排的相亲会上认识的,两人一见如故,在一句“你也在这里么”之后,就陷入了如火如荼的热恋。年轻人谁没个冲动?焦雅莉和男友都觉得彼此都深知对方的脾气和习惯,所以在认识和热恋两个月,还没来得及去看望双方的父母时,就闪电结婚了。

焦雅莉婚后一度觉得很幸福,觉得这辈子就做对了一件事,就是选

对了丈夫,可是就是这样一对甜甜蜜蜜的小夫妻,却因为一件小事劳燕分飞了。

一天中午突然下起了雨,因为焦雅莉的公司离家近,所以她就回家拿了一把伞给丈夫送了去,可是没想到她在丈夫的单位门口看见丈夫和一个年轻的女生走了出来,当时正是中午,两人明显是要一起去吃饭。气不打一处来的焦雅莉调头就走。

晚上丈夫下班回家,焦雅莉拉着个脸,一言不发。丈夫莫名其妙,但也没多问,准备洗完澡再出来哄她。就在丈夫洗澡的时候,丈夫的手机来了条短信,焦雅莉拿起丈夫手机一看,是一个叫晓云的人发来的。

丈夫从卫生间出来后,焦雅莉问道:“晓云是谁啊?是女的吧?”

“哦,那是我们单位新来的同事,刚毕业。”丈夫如实说道。

“今天你是不是就是和她一起吃的饭?”

“你中午来我公司了?我和她一起吃饭是因为她刚来,有很多问题不懂,总是请教我,她很感激,所以说请我吃饭。”丈夫显然不在意。

“可她干吗还老给你发信息啊?你看你手机上这几天都是她发的短信。”

“她都是问一些工作上的问题。再说,你怎么私自就翻看我的短信啊?”丈夫面对焦雅莉的无理取闹,有些恼怒。

焦雅莉也火了,于是和丈夫大吵了起来。在一番激烈的口舌之战后,丈夫摔门而出,准备去同学家住一晚上。而焦雅莉一夜没等到丈夫回家,很是恼火,她觉得丈夫不再关心自己了,有出轨的征兆。

一个月后,两人谁也不肯让步,并都觉得对方不适合自己,于是在朋友们的诧异中,这段婚姻结束了。

事后焦雅莉很后悔,是自己的蛮横,把自己心爱的男人逼走了,自己到现在还是很爱他。焦雅莉觉得自己真的太任性了,其实争吵的源头是一件小事,如果自己不去计较、不去胡思乱想就不会离婚。焦雅莉想和前夫复婚,可是这样反反复复的婚姻肯定会让朋友们笑话。

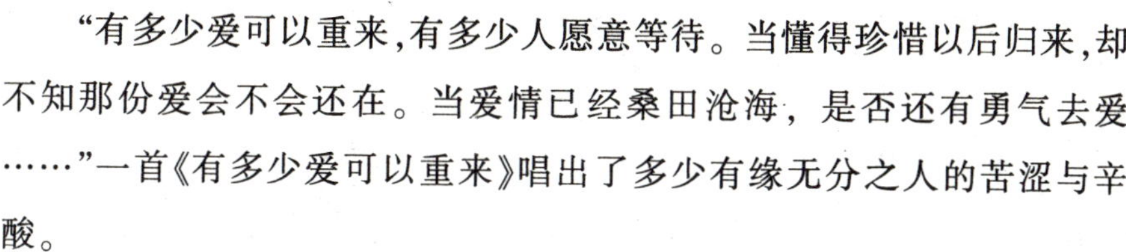

“有多少爱可以重来,有多少人愿意等待。当懂得珍惜以后归来,却不知那份爱会不会还在。当爱情已经桑田沧海,是否还有勇气去爱……”一首《有多少爱可以重来》唱出了多少有缘无分之人的苦涩与辛酸。

如果你不想看着自己心爱的男人,成了别的女人的老公,就不要轻易说分手,不要拿自己的幸福开玩笑。两个人组成的家庭,契合的两个零件,需要一个磨合期,就算你是冲动地结婚,也不要冲动地离婚。

年轻是资本,当年华逝去时,女人们请记住,你早已经过了那个“只要曾经拥有,不在乎天长地久”的妙龄,如今最重要的,是如何将已有的感情和婚姻维护好,怎么样成功地与相爱的人“执子之手与子偕老”,如果不是一些原则上的错误,千万不要轻易说分手。珍惜现在,怜取眼前人,你才能好好把握当下的幸福。

7.报复什么都可以,但请不要报复爱情

在生活中,有这么一种傻女人:她们单纯,率直,眼里揉不进半点沙,有时她们也会率直而鲁莽,所以当她们遭遇失恋,或者爱人的出轨时,往往会采取一些极端的手段来报复对方,以牙还牙,从而求得心理上的平衡。在此之后有人堕落了,有人犯罪了。

爱情至上固然美好,但前提是彼此中意两厢情愿。对于不属于自己的爱,面对想离开自己的人,你应该像乌兰托娅在《爱不在就放手》中所唱的:“爱不在就放手别变成负累,就算痛到心碎也要走出包围。”

晓羽和刘恒同在北方的一所学校，命运让他们相识且相爱。就像所有学生时代的恋爱一样，他们一起上课，一起吃饭，一起去泡图书馆，甜蜜无比。

后来刘恒在网上认识了另外一个女孩，两人还偷偷见了面。晓羽永远记得那天下着很大的雪，自己追问刘恒漠视自己的原因时，刘恒说他通过网络爱上了一个温柔体贴的女孩。他还说："那个女孩是全世界最懂我的人，咱俩分手吧。"

晓羽的心被撕碎了，自己的预感是正确的，刘恒移情别恋了。晓羽的嫉妒心一下子被激发了出来，她想，刘恒迟早会后悔的，他迟早会回到自己身边乞求原谅。于是晓羽潇洒地说："我会等着你。"其实那一瞬间，晓羽已经不爱刘恒了，她心中只剩下了恨。

不出晓羽所料，短短几天后，刘恒憔悴而落寞地回来了。晓羽慷慨地接受了刘恒的回心转意。刘恒很感动，他觉得晓羽是自己遇到的最好的女孩，并决定从此真心真意地去爱，可是他不知道，这一切的只不过是晓羽的表演。

从此刘恒对晓羽百依百顺，而晓羽却把刘恒当做玩偶一样玩弄。对此晓羽认为自己没有做错，一切都是刘恒应得的报应。

毕业后，晓羽和刘恒在不同的城市工作，刘恒天天信息不断电话不停，可是晓羽早已经有了新男友，并且准备结婚了。刘恒不知道，他所有的情感付出已经在晓羽的恨意中变得一文不值。

爱情中只有你情我愿，当你发现自己是单相思又无法得到回应的时候，最好把你们美好的回忆深藏于内心，否则，你不但难为了别人，也难为了自己。

爱情是美好的，对方不懂得珍惜，只能算是爱情的不幸，不爱了就放手，放爱一条生路，放对方一条生路，放自己一条生路，不要以狭隘阴暗的罪恶心理去欺骗、玩弄、报复，毕竟你们曾经爱过，哪怕只有一天相

爱的缘分,也值得珍惜。他对你好过,给过你快乐,安慰过你的孤独,让你有过一份心动的情怀,回忆起这一切时你还能恨得起来吗?女人,千万不要把爱作为报复的武器,否则,你将永远得不到爱神的青睐。如果对于对方的错误你非得报之而后快,就要保证自己一辈子不会犯错,否则你奢求谁原谅自己?

美好的爱情是在正确的时间遇到了正确的人,而白杏杏是在正确的时间遇到了错误的人,所以到头来只能是演出一场爱情悲剧。

那时,白杏杏刚上大一,因为性格内向,每天都寡言少语,所以没有交到一个朋友,这时他闯入了白杏杏寂寞的生活。他的开朗幽默与博学知识,无不吸引着具有少女情怀的白杏杏。白杏杏痴迷地听他的课,每天给他发信息打电话关注他的博客,在他的寝室楼下整夜地等他……白杏杏自己疯狂得连自己都不知道自己在做什么。可惜白杏杏是学生,他是老师,白杏杏知道两人不可能,却控制不了自己的感情。

大二那年,在白杏杏疯狂的追求下,他缴械投降。为了避免影响他在学校的声望,他们只能进行地下恋。晚上他们会偷偷溜出去,周末他们会坐车去郊区游玩,白杏杏觉得那是自己度过的最快乐的时光。

但好景不长,一年后,在咖啡厅里他提出了分手,因为他的妻子因工作调到了这座城市。晚上,他给白杏杏发了条短信:“不要找我,我们彼此都不要骚扰对方。”白杏杏看到“骚扰”两字,泪流满面,原来自己那么多的付出,在他那里,仅仅是“骚扰”而已。

悲愤不已的白杏杏满脑子想的,都是如何报复他,如何破坏他的婚姻,然后离开这座城市。或许,唯一让白杏杏舍不得的,就是一年后才可以拿到的毕业证书。白杏杏在悲痛中把自己的故事写在了贴吧上,并扬言要报复。有人同情她的遭遇,有人怂恿她报复,有人说她傻,有人笑她痴。

你可以选择报复他,比如告诉他的妻子,或者向学校投诉,但若是如此，结局必定是鱼死网破，你失去的一定不会比他少。你也可以通过自残来换取他的内疚，但他既然选择了放弃，就算心怀内疚又有什么意义？权衡利弊，最好的方式只有一种，就是忘掉过去，把他从你的生活里剔除，让自己重新开始！

每个涉世不深的女人都有可能遇上一个龌龊的男人。爱情是盲目的，即使爱情谎话连篇漏洞百出，也会让你深陷其中，执迷不悟。这个龌龊的男人不但欺骗你，还抹杀掉你们的曾经，抹杀掉在你看来是至高无上的爱情。于是你想到了复仇，想到了破坏。

可是就算你报复成功了，你的心能就此安宁么？更何况报复会带给自己无尽的麻烦。所以，女人们，如果男人伤害了你，请放弃报复这个念头。若你实在不能释怀，就把这个男人和你们的爱情，当成是成长之路上的绊脚石吧。在此之后，你会发现，再深的伤害，再不可磨灭的经历，也可以忘记。

女人，请相信，一切都为时不晚。在经历了艰难的情感之后，你依然可以用乐观的心态去面对生活。等到雨过天晴，你甚至会感谢他的无情：幸亏当初理智地离开了他，幸亏当初他决绝地说分手，否则自己不会有今天的幸福。

第九章

大气显风范，
包容是女人最高贵的品质

1.不要奢求自己的男人完美无瑕

你是不是觉得看不懂你空间日志的男人不懂你的风情？

你是不是责怪男人不懂得浪漫，连最重要的纪念日也不买支玫瑰表达心意？

你是不是抱怨男人生性懒惰，房间杂乱，臭袜子乱飞？

你是不是厌恶男人天天沉浸在游戏世界对你爱搭不理？

你是不是觉得男人都有大男子主义倾向，常自以为是趾高气扬？

有人笑言："一个男人，如果要想发现自己的全部缺点，其实很容易，去谈一场恋爱便是了。"男人的缺点太多了，于是有很多女人在挑肥拣瘦中把自己的幸福耽误了。其实，真正的爱情只是一种"来电"的感觉，他也许缺点一大堆，但是你们还是"对上眼了"。人无完人，不要奢求自己的男人完美无瑕，因为他不是神。宽容是美德，女人，别让挑剔耽搁你的一生。

葛乐蕊是一家外贸公司的白领，身材高挑，皮肤白皙，大眼睛炯炯有神，有着一张能说会道的巧嘴，是公司里的一枝花，追她的人很多，就连街对面外贸服装公司的经理都天天给她送早饭。

最开始的时候，她梦想着上流社会品质的生活，于是想抓住优雅又有品质的多金男，有房有车会生活的全职太太。可是在一次次苦苦追寻之后，发现与自己交往的一个个是负心汉、花心男时，葛乐蕊明白了完美无瑕的人是没有的，完美无瑕的爱情也只是幻想。

后来，葛乐蕊遇到了性格内向的吴远哲，一名程序设计师，一个传

统本分的男人。吴远哲看上去远没有曾经与葛乐蕊交往过的一些男人优秀,甚至给人一种木讷寡言的印象。他似乎只有一点优点,就是为人真诚,对人实在。同事们都不看好这个吴远哲,可是令人们惊异的是,没多久,葛乐蕊心甘情愿地和他恋爱了。

在葛乐蕊看来,吴远哲是一支潜力股,虽然现在的职位不是很高,薪水也不多,但是很有上进心,即使工作繁忙,他也会挤出时间去参加各类培训班。另外他还在一家软件公司做兼职,为将来买房积累原始资金。看着吴远哲为两人将来的家奋斗,葛乐蕊决定把自己的一生交付给这个看上去并不完美的男人。

“有些人说不清哪里好,可就是谁都替代不了”,这就是爱情。对于一个女人来说,没有最完美的男人,只有最合适的男人。因为最完美的男人不存在,最优秀的男人不一定适合你,只有适合你的人才能与你共度一生,带给你幸福。

在生活中,与其抱怨和挑剔,不如多一些欣赏,其实你的男人也有很多闪光点。如此,你会惊喜地发现,那个苦苦寻觅的好男人那个命中注定的男子,就在自己身边,就在自己眼前!

他们的爱情故事有点传奇色彩,如果那天他不在公司,不负责那个项目;如果她没有去那家公司,没有失业;如果后来他没有回来,她去了另一个城市……上面所有的条件只要有一个不符合,他们就不会相见,不会相爱,也不会有后来的曲折爱情。

他叫宁乐,是摄影总监;她叫蔓依,是公司请来的样片模特。他的成熟稳重,爽朗的个性都深深吸引着蔓依。当时蔓依刚刚失业,来这家影楼做模特。虽然辛苦,但是一次拍摄赚五百块的薪水让她觉得非常满足。

最后一次取景,在春花烂漫的江边,宁乐突然拉住蔓依的手说:“我喜欢你。但是我有妻子,不过正在办理离婚的手续。我还有一个儿子,但我妻子坚持要儿子。处理完所有的事,我们在一起好么?”

蔓依当时就蒙了,虽然自己对宁乐有好感,但他是已婚人士,还有一个上小学的儿子,要是自己接受了岂不成了人人喊打的“小三儿”了?很快,公司里开始风言风语。人言可畏,蔓依选择了离开。

人们都以为这段短暂的感情会随着时间的推移而结束,可是他们猜到了开头,却没有猜到结局,半年后,宁乐突然出现在蔓依的面前。宁乐告诉蔓依,自己已经离婚了,现在是自由人,还开了一家影楼,希望蔓依能去给他帮忙。

面对宁乐的深情,蔓依动心了,虽然这是一个“二手”男人,虽然自己还没当妈,就成了后妈,可是她当时就决定一辈子都不和宁乐分开,虽然宁乐并不完美,可他是那个最适合自己的男人。

女人在选择男人时,必须考验的,是他的潜质和人品。可能,你选择的是“二手男人”,但他有扎实的思想基础和经济基础,做事沉稳,懂得生活,懂得关心女人。二手是宝还是草,不能一棍子打死,只要他人品好,对你好,适合你,就算是“二手男人”,也同样是个宝。

当你爱上他,就要认定自己是爱他现在的模样,而不是经过你改造后的模样。即便他身上有很多你看不惯的东西、你很难接受的东西,你确定选择他做你终身的伴侣,就要理解一点,宽容一点,只有这样你才能从婚姻中获取幸福。

2.不与婆婆争长短

恋爱时,你可能觉得自己爱的是面前的这个人,你们在爱巢里相亲

相爱、郎情妾意，与世界无关。可是当嫁给这个自己深爱的男人以后，还沉浸在甜蜜世界中的你，会突然发现，自己的生命中出现了另一个可以和你争风吃醋甚至还略占上风的女人——婆婆。你还发现，你不仅嫁给了丈夫，也同时嫁给了丈夫的家人。

嫁了人，就必须面对婆婆。你在扮演妻子的角色同时，也会扮演儿媳的角色，所以要明白，对婆婆大发雷霆，或大吵大闹，都犯了婚姻大忌。当婆婆有错时，你可以心平气和地指出错误，千万别对婆婆横加指责。因为你一旦跟她发生争执，丈夫会认为，作为晚辈的你，忤逆、不懂事、没大没小。即使你有理，也只能哑巴吃黄连。

赵菲蓉在朋友面前抱怨，自己的婆婆太难伺候了，原本一件芝麻绿豆的小事，居然能闹成十万火急的大事，而自己的丈夫根本不把自己当成自家人，老是护着婆婆。说着说着赵菲蓉的眼圈儿就红了。

那天晚上，赵菲蓉在阳台上晾完衣服后，忘记关上纱窗，于是晚上，成群的蚊子飞进屋里，害苦了开着房门睡觉的公公婆婆。

第二天，毫不知情的赵菲蓉上班去了，婆婆却为此闹了起来。她在家嚷嚷："赵菲蓉对我有意见是么？昨晚故意不关纱窗放蚊子进来，害得我一整夜都没睡好。"赵菲蓉的丈夫是个大孝子，见母亲生气了，就马上给赵菲蓉打电话，让她给婆婆道歉。赵菲蓉听后觉得婆婆太小题大做，于是没有回复，就挂掉了电话。

一回家婆婆就沉着一张脸。赵菲蓉是个直肠子，看状直截了当地说："有必要这样这么生气么？再说昨晚真的是忘记关纱窗了。"

"你有什么忘不忘的，你哪次忘记关窗子不是对我有意见！"婆婆情绪有些激动。

赵菲蓉辩解道："我为什么要对你有意见？你是我婆婆，你真是老糊涂了。"

这时站在一旁的丈夫忍不住了，呵斥道："赵菲蓉，说话过分了。有你这样对长辈说话的吗？”

事后，没有一个人安慰赵菲蓉，连丈夫都站在婆婆那边，说她不懂事，让婆婆不要跟她一般见识。

婆婆和媳妇之间难免会有摩擦发生。与其抱着委屈的心情生活，不如从自身做起，打破局面，改善关系。清官难断家务事，在家庭矛盾中，有些事不是通过讲道理就能说清的，所以作为儿媳的你，应该了解处理婆媳矛盾的关键是，讲“礼”，而非讲“理”。和婆婆争论，你永远都只有吃亏的份儿。

婆婆养育了你的丈夫并把他培养成与你相伴一生的人，你没有理由不去尊敬她。既然你爱老公，就要理解儿子对母亲的孝顺，像包容自己的母亲那样包容婆婆，凡事就不会那么想不开了。

前车之鉴，后事之师，听了朋友们诸多关于婆媳矛盾的倾诉后，蒋欣欣自打进了老公家的门，就与公公婆婆分开住了，这个方法确实少了很多婆媳之间纷争。

等到孩子生下来后，蒋欣欣便辞职在家做了全职太太。坐月子的时候，蒋欣欣和老公两人忙前忙后。看着姐妹们让公公婆婆带孩子，而自己像有孩子之前一样从事喜欢的工作，蒋欣欣在羡慕的同时，也对婆婆产生了不满：为什么她不来帮帮自己？碍于老公的面子，蒋欣欣沉默着。

一天，蒋欣欣听见正在为孩子换尿不湿的老公抱怨：“真没见过这样当婆婆的，儿媳妇坐月子也不来帮忙，不心疼媳妇，总得心疼我这个儿子吧。”听老公这样一说，可真是说到了蒋欣欣的心坎上了。于是，她也开始数落起婆婆的不是来，从不同意他们谈恋爱，一直到不来照顾自己坐月子。只是，说到最后，蒋欣欣发现老公居然不吭声了。

有天，当蒋欣欣再度对婆婆有微言时，老公竟然大声对她吼：“蒋欣欣，你有完没完啊，我妈再不好，最后还是同意了我们的婚事。这坐月子

不来,也是有原因的,因为她身体不好啊,真不知你心肠怎么这么硬,和一个病人斤斤计较!”

听了老公如此愤怒的话语,蒋欣欣目瞪口呆,一直以来,自己都是附和着老公说话的,从来没有主动挑起话题,而今,他居然将矛头指向了自己!儿媳妇难当,妻子也难当啊!

潘长江曾经唱过一首名为《两个女人》的歌,来讲述男人生命中最重要的两个女人,母亲和妻子。其实,婆媳有矛盾,最难受的就是老公,他就像进了风箱的老鼠,要两头受气。婆媳矛盾长期困扰着所有走入婚姻围城的女性,一旦处理不好,就会引发夫妻矛盾,从而危及婚姻的幸福和稳固。

在一起生活,难免会有摩擦,一句不中听的话,一件不高兴的事,过去了就让它过去,别总记挂在心里。摆臭脸,大声争执,不仅会让老公为难,还会让婆婆认为你不懂事,最后气坏自己,得不偿失。做儿媳的你,不如学聪明点,在处理与婆婆的关系上,选择退一步海阔天空,得饶人处且饶人,像关爱自己的母亲一样去关爱婆婆,如此你的男人自然会投桃报李,加倍疼你爱你!

3.为了自己,宽容别人

是不是曾经有人抢了你的功劳还居功自傲?

是不是曾经有人在众人面前诋毁你让你泪流满面?

是不是曾经有人在大庭广众之下伤了你的自尊?

是不是曾经有人对你苦苦的追求嗤之以鼻?

是不是有人和你相恋十年，到头来却把别人搂在怀里？

是不是这些不堪回首令人心痛的经历，让我们心生怨恨、心有不甘？

在这个时候你是选择气愤不已、走上复仇之路，还是选择原谅对方？女人爱嫉妒，如果你选择永不原谅，就必然会在怨恨中忿忿度日，总想如何报复别人如何争一口气，这岂是不更辛苦？这样的你怎么会幸福？在电影、电视剧以及生活中，被自已内心仇恨所累的例子比比皆是。

朋友们都奇怪方淑蕾原本是一个活泼开朗的女孩，怎么毕业两年后，就变得郁郁寡欢？在朋友的热心询问下，方淑蕾终于说出了自己每天愤愤不平是因为两年前的一件事。

毕业后，方淑蕾和同班同学兼好姐妹阮秋琦，一起去一个当地很出名的公司应聘。结果皆大欢喜，她们俩都被试用了。

有一次，她们俩一起去拜访了一位大客户。两位美女一齐出招，自然马到成功：那笔可以为公司赢来巨大利益的大单子有了着落，只要第二天再签个合同，就万事俱备了。可是第二天早上阮秋琦却背着方淑蕾一个人去签了合同，回公司邀功。因为那笔大单子，阮秋琦升了职。而方淑蕾因为业绩并不出色，所以一直只是个小职员。

付出总会有回报，方淑蕾因为埋头苦干，获得了良好的业绩，一年后，她也升了职。可是事情过去了一年多，方淑蕾始终不能原谅阮秋琦，那个事情以后，方淑蕾和阮秋琦彻底绝交了，方淑蕾甚至拒绝露面一切有阮秋琦的场合。

同在一家公司，怎能不碰面？而后来悔不当初的阮秋琦多次向方淑蕾负荆请罪，方淑蕾总是置若罔闻。即使现在方淑蕾坐到了部门经理的位置，还是天天沉浸在朋友背叛的阴影当中，每天不苟言笑，让同事们退避三舍。

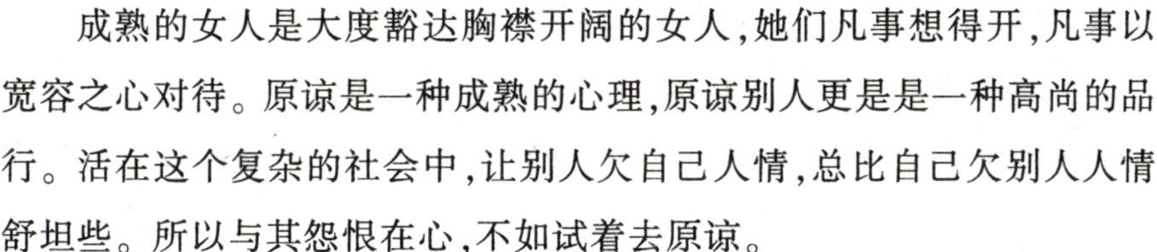
成熟的女人是大度豁达胸襟开阔的女人,她们凡事想得开,凡事以宽容之心对待。原谅是一种成熟的心理,原谅别人更是是一种高尚的品行。活在这个复杂的社会中,让别人欠自己人情,总比自己欠别人人情舒坦些。所以与其怨恨在心,不如试着去原谅。

有人说,原谅意味着委屈自己,成全别人,这是一种伟大崇高的精神。但是我们可以换一个角度。我们可以扪心自问,究竟是为了谁,我们选择了原谅?究竟是为了谁,我们选择不再计较?究竟是为了谁,我们让过去的过去?仅仅是为了别人么?孳生过仇恨心理和体验过报复行为的人,深知它们的沉重,只会使自己举步维艰痛苦不堪。人生是一条不断向前奔腾的河流,聪明女人对于过去和过错,往往选择放过,放过别人,更是放过自己。

十二月,北京的冬天终于下雪了,与雪花同时飘到温昭芸手上的,是一张制作精美的喜帖:粉红色的封面,鎏金娟秀的字体,以及一张甜蜜的新人合影。

照片中的他还是一如当年笑得温柔, 照片中的她也像曾经一样的羞涩,这让温昭芸的心里像打翻了五味瓶。在请帖中,他们亲切地叫她亲爱的昭芸姐,并写着:“请你原谅我们,请你来参加我们的婚礼,我们的婚礼不能缺少你的祝福。”温昭芸在纠结到底要不要应约前往。

那是一段不堪回首的往事。三年前,温昭芸经历了人生最灰暗的日子,她失去了爱情,也失去了友情,就像狗血的言情小说中所写的一样,自己的男友爱上了自己的闺蜜,背叛了自己,都说爱情是你情我愿,所以,被爱情和友情折磨得遍体鳞伤的温昭芸,选择了放手,对一个不再爱自己的男人放手,对一份背信弃义的友情放手。但放手并不代表放得开,在此之后温昭芸活在了生活的乌云当中。

时间是最好的疗伤师, 三年来, 温昭芸没有与前男友和闺蜜联系过,但她原谅了他们,因为感情本来就没有谁对谁错。既然原谅了,心里也就舒坦了，温昭芸走出了感情的阴霾，走入了另外一份温馨的感情。

可是这样一份喜帖却打破了温昭芸的平静，但往事已如过眼云烟，如果自己介意只能表示自己还在乎。于是，温昭芸决定在他们结婚那天，开开心心地挽着现任男友的手臂，去参加婚礼，送上自己最真挚的祝福。

为了自己，宽容别人吧！伤害已经造成，眼泪已经流过，我们为什么要让既成事实的伤害，来继续伤害自己？为什么要让悲伤的陈年旧事来浪费现在的眼泪？

人都会犯错，何苦拿别人的错去惩罚折磨自己？原谅别人，就是在拯救和宽恕自己的心灵。聪明的女人一定会为了自己，宽恕别人。当你真正宽恕了他人曾经犯下的错误，当你真正放下了曾经的包袱，你会感到前所未有的轻松和自由。

4.不必太自责，允许自己犯点小错

包容自己的女人，才懂得包容别人。如果你连自己都无法原谅，又何谈幸福？

但很多女人不懂得原谅自己，常常为一些小错而深深自责。比如，丢失了男友送的戒指，你会说如果当时把它锁柜子里就不会丢；洗碗的时候，手一滑碗摔碎了，你会说如果小心点儿在盆里洗碗，碗就不会摔碎了；当上交的文件打错日期或校对马虎受到上司批评时，你会说如果当时再审核一遍就不至于出现这么大纰漏……人非圣贤孰能无过，更何况没有人会故意往错误的枪口上撞，何必一直介怀让自己整日愁眉苦脸呢？

更严重的是，一些女人一旦犯了错误，就会觉得自己样样不如人，由自责产生自卑。自卑的人更容易受到打击，经不起小小的过失，受到外界一点点轻侮，就会痛苦不已。

杜微微进入公司刚刚一年，因为表现优秀，很受领导器重。她也暗下决心一定要做出成绩来。一次，上级领导要她负责一个企划案，为一个重要的会议做准备，还透露说如果这次企划案能赢得客户的认可，她将有可能被调到总公司担任更重要的职务。对杜微微来说，这是个千载难逢的机会。她非常卖力，每天都熬夜准备这份企划案。

可是，到了会议那天，杜微微由于过度紧张导致身体不适，脑子一片混乱，没有带全准备好的资料，发言的时候词不达意，几次中断。会议的结果可想而知。

失去了一个这么好的机会，杜微微懊恼不已。之后，她的状态一直不好，有过几次小失误，这让她对自己更加不满。自信的她，忽然觉得自己不适合这个工作，不然自己为什么老是在关键时刻出错呢？她开始惩罚自己，经常不吃饭，之后又暴饮暴食，或者拼命地喝酒。

杜微微的情绪越来越不好，领导找她谈过几次话，宽慰她过去的事情都过去了，人应该向前看。虽然她的情绪渐渐稳定了下来，但是她还是不原谅自己，没有心情做手中的事情，以致对工作失去了当初的信心。

在这个世界上，谁都免不了会犯些错误，即使是大象也有摔跤的时候。法律还会给杀人犯一次悔过的机会，更何况我们所犯的只是一些小错。一旦你笼统地把责难施加于自己身上，就会陷入一张无法挣脱的网中，让自己没有心情去做别的事情。如果你一直无法摆脱，时而想起，会慢慢地患上一种病，一种无形中扼杀尊严与自信的心病。

你所犯的那些小错误真的就那样无法原谅？不是别人无法原谅你的错误，是你无法正视自己，你希望自己是完美的，希望自己在别人眼里无可挑剔，所以做错事时，你总担心别人记恨你嘲笑你，其实这些并不存在。别人犯了错，你是否时常回想或者看到他就会加以取笑？如果你的一些小行为无意间伤害了他人，大胆诚恳地当面向他道歉，相信朋友不会小肚鸡肠地斤斤计较。工作上出现疏忽是难免的，你应该庆幸那并不是什么太严重的错误，弥补还是来得及的。

如果你一直无法原谅自己的错误，日日责怪自己，早晚会精神忧郁，神经紧张，健康受到威胁，生活陷于贫困，朋友越来越少。如此往复，快乐会离你越来越远，你的心情越来越糟糕。

一个关爱自己，身心愉悦的女人才更幸福。

5.心平气和地应对别人的攻击

声嘶力竭比不上莞尔一笑，争长较短比不上一丝礼让。遭遇不公，失去理智，不顾形象地反击属于下下策，如此，你丢失去的不只是自尊和优雅，还会把事情推向更坏的发展方向。

希拉里曾说："当别人污蔑你时，你总是会生气，但老生气并不好，因为它消耗你太多的精力。应付别人攻击的最好办法，就是尽一切努力把自己每天的事情做好，给人们一个了解你的机会。同时，要努力驳斥那些攻击你的不实之辞。这就是你能做的一切。"

遭到指责和抱怨是一件极其让人不痛快的事情，尤其是在一些公众场合，更会让你感到尴尬无比。有包容心的女人，懂得小不忍则乱大谋。与其逃避、退缩或者恶言相向，不如给那些不友好的人一个善意的微笑,让自己保持冷静的心态,让对方看到你强大的内心。

公司里的人都在为一个部门经理的空缺费尽心思,争得头破血流,大家都卯足了劲,摆出一副志在必得的架势,却没想到,这个头衔最终落在了刚来公司不久的张芯瑜的头上。

大家都很不服气,“凭什么让一个刚来不久的黄毛丫头来领导我们”,于是,大家团结在了一起,摩拳擦掌地打算在张芯瑜上任的那天给她点颜色瞧瞧。

就职演讲一开始,张芯瑜就一肚子火,哪里有谁真的把她当领导?下面的人要么小声嘀咕,交头接耳,要么抱着膀子,挑衅地看着她。张芯也很火,让自己任部门经理是上级研究后的决定,上级既然选了自己,就说明自己比他们有优势。她真想大声说:“有什么不满的,就说出来!”但她还是忍住了,因为那样说只会是火上浇油。

张芯瑜深吸了一口气,稳定一下情绪。她知道,和声细语才是最有说服力的语言。

她深深地鞠了一躬,然后开口说道:“小女子能站到这里,全要感谢大家。因为大家都是一等一的能人,让谁当经理,都显得不太公平。公司没有办法,才决定选我这个傻有傻福的人担任这个职位。”

台下响起了一阵笑声。张芯瑜接着说道:“我这个傻人担了这个职位,其实就像个蜡烛的芯,看起来最亮,又处在蜡烛的最高最中心。其实啊,这样最惨,总是承受着最高的温度,被烧得焦黑焦黑,你们看看我这么瘦,能烧几下?”

大家又笑了。张芯瑜继续说道:“其实,最重要的,是蜡烛芯自己不能烧,全靠四周的蜡油。所以,各位,拜托,拜托,我这蜡烛芯就全靠大家了,请大家帮忙,别让我烧焦了!”

一屋人都笑弯了腰,早就把对张芯瑜的敌对情绪和打算修理她的事忘到了脑后。

人与人之间因为某件事或某个人产生分歧是一件很正常的事情，大多数女人在遭遇攻击的时候，首先想到的就是不能让自己吃亏，一定要赶紧反驳，如此，不仅没有解决问题，反而将人际关系弄得僵硬无比。此时，你不妨从以下几个方面入手，从容应对：

第一，保持冷静

当你面对十分难堪的指责时，一定要保持冷静，最好暂时能忍耐住，并做出乐于倾听的表现。不管你是否赞同，都要听完后再作辩解。

第二，让对方亮明观点

有些指责者在指责别人的时候往往似是而非，含糊其辞，让人不知所云。这时，你可以向对方提问，弄清楚对方要说的是什么。当然，你的语气一定要平和。

第三，消除对方的怒气

遭受指责，特别是在你本身就有责任时，不妨认真倾听或表示同意对方的看法，不要计较对方态度的好坏。这样，对方在指责你的过程中，怒气会慢慢消失。

第四，平静地给恶意重伤者以回击

也许大多数人并不是恶意去指责别人，但在现实生活中，的确有极少数人为了达到个人目的而对他人进行恶意中伤。对于这样的挑衅者，你应该坚定地表明自己的态度，不能迁就忍耐，更不能宽容而不予以回击，但应注意态度，以柔克刚。

当你处在一种相当狼狈的境地，备受他人攻击和恶意侮辱时，惊慌失措、愤怒沮丧都无法帮你从遭受侮辱的境地中解脱出来。在这种时候，你需要把自己思维的潜在能量充分调动起来，心平气和地采取各种巧妙的语言轻松帮自己摆脱窘境，化敌为友。

6.善于发现别人的优点,而不是盯着别人的缺点

有位老师进了教室，她拿着一张有黑点的纸问班上的学生:“大家告诉我看到了什么。”大家异口同声地说:“一个黑点。”老师说:“只有一个黑点吗？难道黑点外这么一大片干净的地方大家都没有看见吗？”

每个人身上都有各种各样的小毛病,你是将他们身上的“黑点”无限放大,还是包容?

你可以不喜欢某人为人处世的风格,可以不喜欢某人斤斤计较、小肚鸡肠，可以不喜欢某人骄傲自大的脾气，可以不喜欢某人谄媚的嘴脸。但扪心自问,他们就真的没有一点优点吗?还是你心量太小,让指责和厌恶占据了太多的空间?

筱维和琳笛是一起进入一家私企的，虽然她们都看不惯职场中某些人的作为,但两个人的处事方式却大相径庭。筱维脾气很好,虽然知道有些老员工爱摆架子,指使新来的做这做那,但从不计较,还努力去找他们身上的优点:经验丰富、说话很有技巧、工作能力很强等等。筱维从不去在意他们的缺点,而是向他们的优点看齐,努力使自己也具备那些优点。久而久之,筱维对那些老员工没有任何怨言,还经常向他们请教问题,对他们毕恭毕敬,深得人心。

而琳笛却不一样,她是个直肠子,不喜欢谁会表现得很明显,对那些爱摆臭架子的老员工,琳笛是爱理不理。她看到的都是那些让她厌恶的缺点,丝毫不会去看看别人的长处。身在职场,这样的脾气让琳笛四面树敌。每当琳笛在工作中碰到一些难题需要寻求老员工的帮助时,总是被别人委婉地拒绝,所以她的工作进行得相当艰难。

学会发现别人身上的优点，你会发觉其实那个你不喜欢的人并不难相处,而你的人际关系将因此变得美好。

世界上没有一无是处的人,正如世界上没有完美无缺的人一样,我们要胸怀宽阔,尽可能地包容别人身上的缺点,善于发现他们的优点,这样不但可以使自己心情愉快,也能赢得别人的尊重。我曾看过这样一个小故事:

有一个年轻人想要搬到一个小镇，就问街边的一位老鞋匠:“这里的人们会不会好客？他们会不会歧视外乡人？”

老鞋匠反问他:“那你们那儿的人好吗？”

年轻人回答:“我们那里的人特别不好,就会在背地里说三道四,而且只会做表面文章,当着你的面一套,背着你的面又是一套,都找不出一个真心对你的人。在我们那里,你必须事事谨慎,要不很容易遭人算计。”

老鞋匠听后冷冷地说道:“哦,那你还是不要搬的好,我们这里的人比你们那里的更坏！”年轻人一时语塞。

又有一个年轻人要搬到这个小镇,去问老鞋匠相同的问题,老鞋匠同样如此反问他。

年轻人满脸喜悦地说:“我们那里的人都很好,每个人都彼此关心,不管你有什么困难,无论是朋友、同事还是邻居,都会很热心地来帮助你,大家互助互爱,相处得极为融洽。我实在舍不得离开,可是因为工作的关系,不得不搬到这里。”

老鞋匠高兴地告诉他说:“你放心，我们这里每一个人都像你那个城镇的人一样,他们心里都充满了爱心,也都很热心地愿意帮助别人。而且很好客,你这个外乡人来到这里,是你的福气啊！”

同样的一个城镇、同样的一群人,这位老鞋匠却对两位年轻人做了不同的形容和描述。其实,并不是小镇的人变化神速,而是别人再好,心胸狭窄的人也会百般挑剔，他的世界只有自己。而在懂得包容的人眼里,周围的人都是好的,即便有点小毛病,做错了什么事,也是可以原谅的。他有一个宽大的胸怀,所以很容易得到快乐。

“生活是面镜子,你对它笑,它就对你笑;你对它哭,它就对你哭。”当你用宽容之心去对待别人时，别人也会用同样的方式来对待你。女人,如果你想要获得幸福,就不要去斤斤计较那些鸡毛蒜皮的事,而要用一颗包容之心去对待身边的人。这样不仅会让他们心生感恩,也能让你倍受裨益。

第十章

聊天，善于为别人考虑的女人更受欢迎

1.交谈中,主动迎合对方的兴趣

无论是在聚会中,还是在商务洽谈中,我们常常会见到两种女人:一种女人巧舌如簧能说会道,人们喜欢和她们交谈,能马到成功地为公司拉到业务;另一种女人与之相比稍显逊色,她们比较内向、比较木讷,说话一板一眼,会不小心踩到人家的雷点,会把公司的业务谈崩。

俗话说“酒逢知己千杯少,话不投机半句多”,在与人交往中,聪明的女人往往会主动迎合对方的兴趣说话。一个有内涵和修养的女人不会以自我为中心,而会时时刻刻考虑别人的感受。著名口才大师卡耐基说:“即使你喜欢吃香蕉、三明治,但是你不能用这些东西去钓鱼,因为鱼并不喜欢它们。你想钓到鱼,必须下鱼饵才行。”迎合别人的嗜好,投其所好地说话,不是虚伪,不是谄媚,而是对他人的尊重,是社交成功的关键之一。

说实话,秦佩芝是个不错的女孩儿,毕业于著名大学,身材高挑,长相出众,工作业绩一直很出色,不过同事们打心眼儿里不喜欢她。秦佩芝来这个公司三年了,但同事们谁也不想和她多讲话,每天公司聚会的时候,秦佩芝常常被同事们忽略,这让秦佩芝苦恼极了。

其实秦佩芝刚进公司的时候,大家对她都是很热情的。但是,同事们渐渐发现,秦佩芝在和人交谈过程中,总会不断地谈论自己喜欢的话题,不是去过哪里旅游,就是自己对画画非常拿手,要么就是让同事们去增加自己博客的点击率,以彰显和炫耀自己。慢慢地大家都开始躲避秦佩芝。

其中一位同事说:“秦佩芝是个骄傲的公主,和她相处让人感觉压力很大,很没有乐趣。聊天的时候,我其实喜欢聊运动,但是她总是在谈国画油画和那悲剧的抽象画,我想换话题,她不肯。这样怎么能谈得下去呢?”

当这样的话传到秦佩芝的耳朵里时,秦佩芝才明白不是因为自己太过优秀,反而是因为自己不懂得如何尊重交谈对象,在与人聊天、相处这些事情上没有经验,不懂得主动迎合别人的兴起爱好,才会受到如此冷遇。

军事上讲究“知己知彼,百战不殆”,说话艺术也一样,在开口之前,你可以先想想对方对什么感兴趣,然后针对不同的人,采取不同的说话方式,聊不同的话题,才能把话说到对方心里去。

俗话说“见什么人说什么话,到什么山头唱什么歌”,每个人都有个性和兴趣爱好:有的人喜欢音乐,有的人喜欢文学,有的人喜欢打球,有的人喜欢军事,有的人喜欢明星八卦,有的人对收藏感兴趣,有的人对烹调感兴趣,有的人为灵异世界着迷……与人交流时,聪明的女人,能够了解他人,理解他人,进行谈话时会主动迎合对方的兴趣,从而不仅让谈话进行得轻松愉快,还给对方留下良好的第一印象。

人逢喜事精神爽,上个月柯熠彤又提前完成了一笔大单子,老总给她塞了一个大大的红包。这几天,柯熠彤像她的名字一样熠熠生辉,春风满面。说起来,谈成这笔单子要归功于柯熠彤那好使的脑子和温柔的性子。

柯熠彤是一家房地产公司的总裁助理,上个月,老总下命令了,说无论怎么样也要聘请那位著名建筑设计师做设计顾问。这可是件苦差事,因为该设计师早已退休颐养天年,性情孤傲,对人爱理不理的。

为了博得老设计师的欢心,柯熠彤事先做了一番调查,她了解到老

设计师平时喜欢在家练字，于是她花了几天时间读了几本书法方面的书籍。柯熠彤刚来到老设计师家中时,一如大家说的那样,老设计师对她的态度很冷淡。之后柯熠彤发现了老设计师在画案上放着一幅书法的样子,她边欣赏边赞叹道:“老先生的这幅赵体,笔力遒劲,好字好字啊。”这一番赞美使这位老先生的心中升腾起一股自豪感。此后,这位孤傲的老设计师的态度明显有了转变,话也多了起来。

最后,柯熠彤说服了老设计师出任自己公司的设计顾问。

在与人交往的过程中,女人要学会以礼相待投其所好,这不仅能给对方留下良好的印象,还能顺利地说服他人。会说话的女人,会使自己的求职道路一帆风顺,使自己的职场生涯风生云起。女人会说话,便能在谈判桌上一马当先,轻松获胜;女人会说话,便能在情场上魅力四射,让男人对自己言听计从。

莎士比亚说:“人们对于自己感兴趣的东西,才会愿意出高价。”如果我们能将说话的内容放在对方关心的事情和兴趣点上，如果我们尽可能地与对方站在同一个战线，那么对方就会觉得与你交流是件愉悦的事情,而不会觉得索然无味。

2.少谈些自己,多谈些他人

你是不是有这样的困惑:

每当你兴致勃勃地向别人谈论自己辉煌的过去时,听者兴致寥寥;

每当你诲人不倦地向他人灌输自己的思想时,对方却不领情;

每当你和他人兴趣盎然地谈论自己身上昂贵的貂皮大衣、限量版的香水时，听众虽然对这些奢侈品很羡慕，却表现出一副嗤之以鼻的样子。

美国学识最渊博的哲学家约翰·杜威说："人类本质里最深远的驱策力就是希望具有重要性。"许多女人，并没有意识到这一点，习惯于表现自己，炫耀自己。如此她们不仅看不到自身的不足，还会给自己树敌。所谓"君子要聪明不露，才华不逞"，但是太单纯或者或太骄傲的女人总喜欢显露自己的才干，表现自己的优秀。

在现实生活中，聪明的女人，要懂得隐藏自己的锋芒，多给别人表现的机会，以避开一些明枪暗箭。《菜根谭》说："滋味浓时，减三分让人食，路径窄处，留一步与人行。"女人们应该知道，每一个人来到世界上都有被重视被肯定的渴望，谁都不甘心成为众星拱月的配角。

蠢女人在与人交往的时候，总会想方设法地谈论自己，从外在到内在，从个人的成就、衣着、心理历程、读过的书、去过的地方，到自己认识的人、生活的环境……她们期待成为众人瞩目的焦点，却不考虑别人的感受和需要。所以这样的女人不仅得不到他人的认同与欣赏，还会暴露自身素养不高的缺陷。

阮萌茉是一家大型德资企业的业务经理，在与朋友们的交谈中，阮萌茉说，现在让她自豪的是在企业里，自己差不多是人缘最好的人，每天都和同事们相处得很融洽，有时候去洽谈业务，碰到难缠的客户，自己常能轻松地拿下。不过阮萌茉也感叹，自己过去的情形并不像现在这样乐观。

阮萌茉初到企业的头几个月里，在同事中连一个可以说说话的朋友也没有。因为阮萌茉能力强，平常与同事们交流时，总喜欢谈论自己在工作方面的成绩，总结一些业务经验。可是阮萌茉却发现，在她和同事不停地谈着这些引以为豪的事情时，同事不但不分享她的成就，还表现得极不高兴。

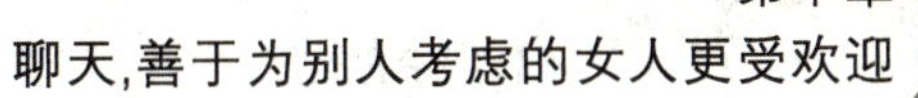

阮萌茱渴望同事们能喜欢自己,和自己成为朋友,但她却不知道问题出在了哪里。在与闺蜜说了这件事情以后,闺蜜告诉阮萌茱:“问题就出在你太爱说自己。你想让别人听你说,那你何不先去听听他们想说什么呢?这样也许他们会慢慢地接纳你。”

阮萌茱听了闺蜜的忠告后,便开始在与同事闲聊的时候,少谈自己,多去认真倾听同事们说话。她发现原来他们也有很多骄傲的事情和不为人知的经历,他们在诉说自己事情的时候,比倾听自己说话时要兴奋得多。慢慢的,大家有什么话都喜欢告诉阮萌茱,阮萌茱的人缘自然变得越来越好了。

在优势面前,你千万不要贬低别人,一定要口下留情。我们要多给对方表现的机会,才能赢得对方的好感。所以,为了更融洽地与人交流,为了说服别人,为了提升工作业绩,为了赢得他人的信任,你要多为对方考虑,要学会守拙。千万不要自恃有才而骄傲自大,而要尽量站在他人的立场,考虑到对方的自尊心,赢得对方的信赖。如果你一味地抬高自己,只会伤害他人的自尊心。

有才华有能力是好事,但是如果你把这当做炫耀的资本,过分锋芒外露,就不明智了。英国19世纪政治家查士德·裴尔爵士曾经直白地训导他的儿子:“你要比别人聪明,但不要告诉人家你比她们更聪明。”

聪明的女人,在和他人相处的时候,会迎合对方的兴趣,少谈及自己,多谈论对方喜欢的事情。让别人对你感兴趣的办法只有一个,那就是你先对别人感兴趣。在与人交往的时候,你若懂得了这个道理,就能叩开对方的心扉,左右逢源,让自己想办的事情水到渠成了。

3.别人正高兴时，不要宣布坏消息

你若在别人高兴的时候，宣布坏消息，无疑是给对方的幸福浇冷水，惹人记恨。每个人都喜欢听到好消息，可是，天不遂人愿，有些时候，我们不得不把一些坏消息告诉别人，这个时候，你要注意一下场合和当事人的情绪，如果当事人正为某些事而开怀，我们最好不要扫了他的兴致。

那天楚谷雪可谓是三喜临门，首先早上发了工资；其次经理刚刚给她打了个电话，说她的交通补贴与生活补助已经报销了，让她下午去领；最后老总宣布，晚上请大家一起吃饭。楚谷雪一边想着这份工作给自己带来的快乐，一边哼起了小曲。

晚上到了吃饭的时候，一位坐在楚谷雪身边的同事却告诉她，她喜欢的那个同事早就有了女朋友，好像还打算过了年就结婚。这让楚谷雪突然感觉整个人都崩溃了，她不禁责怪同事，为什么不晚一点告诉自己，现在自己都没有胃口吃饭了。本来大家还说好要一起去唱歌的，现在，哪还有心思！于是聚餐一结束楚谷雪就一个人灰溜溜地回家了。

对于女人来说，有时候，一张嘴决定了你的成败。一个会说话的女人往往赢得人们的喜爱，一个不会说话的女人往往会惹人厌烦。当你知道一个坏消息时，当你要告知的人正在高兴时，你不妨先忍一忍，不要扫了对方的兴，等对方平静下来，再说也不迟。当然，说的时候你要说得得当，说得委婉。

王晓双是一家公司的高层主管,得到公司要裁员的坏消息时,她对员工说:“公司最近效益不太好。但是公司绝不希望通过裁员来改变这种局面,所以公司决策层正在想尽一切办法。不过公司也不能承诺百分之百避免裁员,这还要看下个季度我们的销售情况。一旦有新情况,我们会马上通知大家。但是,要想避免裁员,我们首先要生产出客户想买的优质产品,提高销量,所以大家的努力对公司克服目前的难关将是至关重要的。希望大家能安心工作,共同渡过难关。”

俗话说:“怎么说要比说什么更重要。”面对坏消息,你若能以一种相对委婉的表达方式将它传递出去,表达出积极肯定的信息,把否定消极的东西转变成积极肯定的,更容易为他人所接受。所以,当你在收到坏消息,并且不得不宣布的时候,一定要注意以下几点:

首先,给坏消息一个必要的缓冲时间。当你收到到坏消息的时候,不妨在公布前,先设置一个缓冲时间,将其负面影响降到最低。

第二,选择恰当时机。你宣布坏消息的时候,千万别选在他人正高兴的时候,否则会让人觉得你不讲人情,不好相处。

第三,及时沟通,排解忧虑。你要尽量以面对面的方式,让对方知道自己所要面对的坏消息,并安抚对方,和对方一起想办法,应对坏局面。

第四,有选择地传递。坏消息可以传递给大家,但这并不意味着你要将自己知道的所有负面消息知无不言,言无不尽。比如,公司并购,突发社会事件等,你可以选择说,也可以选择不说。一些只对小范围构成影响的坏消息或者几乎已经解决的问题,不说也罢。

4.一分钟讲，十分钟听

我们经常有这样的体会：自己升职、加薪、获奖以后，就想把自己的喜悦告诉别人，让他们分享自己成功的喜悦；同时，当自己有了困惑、感到委屈的时候，总想找个人倾诉一下。在日益繁忙的现代生活中，有不堪承受心理压力的人选择去看心理医生，但其实他们需要的不过是一名听众而已。

会说的不如会听的。每个人都有表达自己，渴望被他人理解的欲望，都希望他人能扮演听众的角色。所以在生活中，聪明人情愿三缄其口，实行其“庸人之谨”，也不愿夸夸其谈，胡乱侃谈。如果你想让别人喜欢自己，首先要做一个好的听众，要懂得“一分钟留给嘴巴，十分钟留给耳朵”的道理。

善于倾听的女人是令人无法抗拒的，因为她们愿意分享他人的喜悦，愿意听他人诉说不愉快的情绪，并与之感同身受。当然，若女人能在倾听的同时，不失时机地加入几句点评，就可以让对方对自己掏心掏肺了。

上周五的一个小小事情，让温紫南与公司一季度的销售冠军失之交臂。

那天上午当地电台的一位知名音乐人来温紫南所在的4S店买车，温紫南为音乐人推荐了一款车。音乐人对温紫南推荐的车很满意，在试车后，他表示愿意一次性刷卡买车。

于是温紫南把音乐人领到贵宾室，为他沏上了一杯茶。可是令她万

万没有想到的是,当对方拿出银行卡交易,眼看就要成功时,对方却改变了注意,打车走人了。

对此,温紫南懊恼极了,要是这笔单子完成,自己就是这个季度的销售冠军,要知道老总给冠军发的红包可不小啊!

到了晚上八点,温紫南依然对音乐人的行为感到疑惑,于是忍不住打电话给那个音乐人:"您好!很抱歉,那么晚了打扰您。我是温紫南,今天上午我曾经向您介绍一部新车,眼看您就要买下,怎么后来却突然走了,我检讨了整整一天,实在想不出自己错在哪里了,因此特地打电话向您讨教。"

"上午我想买车的时候你在用心听吗?"那人问。

"非常用心。"温紫南很真诚地回答。

"可是我觉得你根本没用心听我说话。在签字之前,我提到自己明年就要离开家乡,去北京发展了,还向你说了北京那家公司的情况和公司答应我的承诺,但是说给你听时你毫无反应。"

温紫南完全不记得对方曾说过这件事,因为她当时正在考虑老总发红包的事情。

很多人都喜欢说而不喜欢听,并且认为只有说才能够说服他人。其实,成为一位好听众是最重要的沟通技巧。朋友的感受、领导的要求、客户的建议,都需要我们去聆听。认真聆听不仅仅能给人留下有礼貌的印象,还能让我们获得更多的信息,以利用一切机会博采众长,丰富自己。

上帝给人们两只耳朵,一张嘴,就是要我们多听少说。用"十分钟"来听别人讲话,是你所能给予别人的最好的恭维。然而在生活中,很多女人因为说得太多,而得不到对方赞同。有时候,你与其夸夸其谈,不如做好配角,让对方多说话,用问问题的方式来表示自己对他人的关注。

苏倩娉是刚从大学毕业的经济管理系学生,现在被一家小公司试用。公司规定，试用期间每人都要在一个月内要拉到一个新客户。可是苏倩娉完全没有经验，也没有背景。眼看一个月的期限就快到了，她还是没有一个客户，所以做好了被炒鱿鱼的准备。

那天，苏倩娉愁眉不展地踏入了一家公司的大门。看到这家公司主任的名片时，她觉得有些奇怪，那人竟然叫做万俟卓言，跟自己以前喜欢的一部武侠小说的主角是同一个姓。

苏倩娉见到对方时，礼貌地打招呼道："万俟先生，我是早上打电话给您秘书的苏倩娉，今天特地来拜访您。"

对方听罢吃惊地站起来，一脸兴奋地说："你怎么知道我的姓，一般人第一次都会念错，大部分人都叫我万先生。"

苏倩娉说："据说，万俟是一个很有历史渊源的姓氏，是么？"

对方听到这里，高兴地说道："这个姓可是有来由的，它原是古代鲜卑族的部落名称，后来变成了拓跋的姓氏。"

苏倩娉看到对方越来越高兴，就接口问道："那您就是帝王之后，系出名门了！"

那位万俟先生听后心里乐开了花，继续说下去："岂止是这样，这个姓氏一千多年来出了不少名人……"

那位主任兴致勃勃地和苏倩娉聊了起来。期间苏倩娉并未说多少话，只是在认真地倾听。这次愉快的会面，让苏倩娉拉到了一家财团做客户。而这家财团旗下所有的关系企业，也都与她的公司签下了合约。

奇迹就这样出现了，苏倩娉不但拉拢了一个新客户，还一连吸收了十几家新客户，一举晋升成正式职员，薪水连跳好了几级。

认真聆听对方的谈话，其实是对讲话者的一种尊重，它能使交谈双方之间的关系更融洽。耐心地倾听对方的谈话，相当于告诉对方"你是一个值得我倾听的人"，所以更能获得对方的好感。反之，如果对方还没有把要说的话说完，你就听不下去了，会让对方对你反感。

在聆听的过程中,女人们还要注意以下几点:

首先,你要对对方说话的内容表现出浓厚的兴趣。聪明的你可以通过一些肢体语言来表达自己的兴趣,你可以点头微笑,看着对方的眼睛,身体稍微向前倾,重复对方所说的关键词等。

其次,你要对对方的话及时做出一定的反馈。要是对方一个劲地说,你却没有任何反应,对方肯定会觉得索然无味。你可以这样说以给对方说下去的动力:“是么”“哦,这样啊”“我知道了”“原来如此”“有点意思”“到底怎么回事啊”……

再次,不要轻易地打断对方的话。如事情紧急,你必须打断对方的话,可以那么在再次谈话的时候,主动谈起前面的话题,并表示歉意,这样对方会觉得你是一个有修养值得深交的女子。

5.极少有人愿意听你的得意之事

“我考进北大了。”

“我找了个高富帅的男友。”

“我随便买了一注号码,居然中了大奖。”

“我家老公对我好极了,把我当宝一样宠着。”

“上个月我又涨工资了,对于经理一职我势在必得。”

“上个月,我又攻克了一个大客户,为公司签下了一大笔单子,对方可是某某财团的少爷,结识了这样的社会名流,肯定能在事业上助我一臂之力。”

你春风得意、平步青云之时,难掩心中的喜悦,恨不得公之于天下,于是,在与朋友的聚会中,与同事交谈时,会不由自主地自鸣得意。可是，聪明的你，有没有发现朋友在你的滔滔不绝中显得有点不高兴，同事在你的夸夸其谈中开始有些不耐烦？

许多女人，会在取得一点成绩、获得一点成功之后，就认为自己高人一筹胜人一等，而在他人面前炫耀自己得意的事情。她们每每遇到亲朋好友，也不管对方心情如何，就迫不及待地吹嘘自己，得意之情溢于言表，殊不知，这最令人反感。

经过两年的笔耕不辍，上个月底，穆偌芸终于把她的处女作出版了。她乐滋滋地想："我终于实现了自己的梦想，这可是我的第一本小说。上高中大学的时候，有多少人和我一样，怀揣着文学青年梦想，可是现在他们不是放弃了，就是在文学这条路上跌跌撞撞。只有我坚持了下来，只有我初露锋芒啊。"

人逢喜事精神爽，新书签售会以后的那几天，穆偌芸走路时都哼着小曲。之后她和丈夫商量："咱也出书了，要不就叫几个朋友聚聚？"

穆偌芸的丈夫沉思了一会儿，说："你能够出书当然高兴，我脸上也有光彩，我都有一个作家老婆啦。咱叫几个朋友聚聚，我也不反对。我也不是怕花钱，可是你想了没有，咱让人家聚聚的目的是什么？无非是向人家证明，咱出书了，咱有实力，这样，不是有些显摆了吗？是不是太张扬了？"

丈夫的一席话，像一盆冷水，当头浇下来，让穆偌芸发热的头脑立刻清醒了。

古人常说人生有四大喜事：久旱逢甘雨，他乡遇故知，洞房花烛夜，金榜题名时。人生总有得意的时候，得意之时你的满足感和优越感，会让你在得意中忘了形，在成功中变得浮躁，在人们的掌声与喝彩中忘了分寸。

当今社会名利当头造成很多女人都变得喜欢张扬。女人在与人交

往的过程中,要尽量不主动地、滔滔不绝地谈论自己的得意之事。如果对方问起,你最好谦虚地回答,否则就很可能会给别人留下爱虚荣、炫耀的糟糕印象。聪明的女人要耐得住寂寞,也要经得起喧嚣。

上个月,一代女强人潘悠艺沦落成一名不折不扣的苦命女:因经营不善,潘悠艺的公司宣布破产,而丈夫又和她闹离婚。内忧外患让潘悠艺不堪重负。那个周六,闺蜜萧茜约了几个朋友到自己家里聚会,借热闹的气氛,让心情低落的潘悠艺放松一下。

朋友们都知道潘悠艺目前的状况,因此大家谈话时都尽量避免触及事业婚姻这两个话题。可是,其中一位朋友玩到兴奋时,口不择言,大谈自己的生意经,说到兴处,还手舞足蹈,让在场的人万分尴尬。

而潘悠艺听了这位不识趣的朋友的话,更是面色难看,沉默寡言,最后甚至找了个借口提前离开。萧茜在送潘悠艺走的时候说:“今天的事情实在抱歉,本来是想让你在这玩得开心一点的。”

潘悠艺生气地说:“哼,她什么心态啊,赚钱赚钱,她赚钱是她的事,何必在我面前显摆,这不成心气我!”

你的朋友事业不利,感情不顺,正挣扎着从痛苦中走出来,而你在其面前大谈自己的幸福,不是往他伤口上撒盐么?和失意的人谈自己的得意之事,对方会认为你不知趣,情商低下,聪明的女人,在与人相处的时候,不会一味地谈论自己的得意,有些话会适可而止。女人,切勿因为夸夸其谈,而为自己的人际交往埋下隐患。

外联部的宋芝慈是公司公认的谈判高手,那次,公司又派宋芝慈去接手一个棘手的谈判。

“知己知彼,百战百胜。”为了能谈判成功,宋芝慈事先了解到谈判对手刘剑颢特别坚持原则。她还了解到刘剑颢的儿子最近考上了清华。

在谈判休息期间，宋芝慈对刘剑颢说："听说您儿子今年考上清华了，您真是教子有方啊。"刘剑颢一听立马放下手中的文件，得意地说："可不是，清华大学那可是百年名校。我儿子勤奋聪明吧？他上高中时，全年级几百号人，考上清华北大的总共才三个。"宋芝慈笑道："那可不是。您儿子可以说是您精心栽培出来的。"

在短短的十分钟休息时间里，刘剑颢一直和宋芝慈谈他考上清华的儿子，谈他教育儿子的方法。最后，宋芝慈无比崇拜地说："刘经理，你真了不起，不仅是一位出色的经理，还是一名成功的父亲。"

刘剑颢听了，心里特别高兴。接下来的谈判超乎寻常地顺利，宋芝慈以自己满意的条件和刘剑颢达成了协议。

人人都喜欢谈论自己的得意事，虽然极少数人愿意听你谈论得意之事。你如果能充当一个崇拜者，适时地将对方得意之事提出来作为话题，那么对方一定会欣喜万分，敞开心扉，畅所欲言。如此，你们的关系会更加融洽。

无论是朋友聚会，同事交谈，还是客户谈判，与其夸夸其谈自己得意事，不如多谈谈对方的得意之事，多听听他们的骄傲。这样，你的谦虚和耐心，会赢得对方的嘉奖以及他人的好感。聪明的女人应该掌握这条处世智慧，并善加利用，以获得更多人的喜欢。

6.人人都是好胜之徒，不争辩的女人受欢迎

你是一个好争辩的女人么？

人家都说好的东西，你会不会说不好？

你是否会为了周末去哪里玩和男友发生争执?

你会不会为了丈夫忘了洗碗而和他辩论上半天?

同事们都说计划完美无缺,你会不会感叹美中不足?

姐们都建议去茶馆喝茶,你会不会执意去新开的咖啡店?

当有人答错了某个问题,你会不会立马冲过去,对他说“你错了”?

生活中,能够引发争辩的事情无所不在:一顿饭、一件衣服、一个化妆品、一次逛街、一场电影、一部小说、一个社会问题……只要谈话双方意见不统一,就有可能发生争辩。好辩的女人总喜欢说理论,让大家同意自己的观点。

其实,争辩毫无意义,你气势汹汹的争辩,会打击对方的自尊心,否定对方的判断力,所以即使你是对的,也会让对方产生逆反心理。

同事们都说,楚雯筠学历高,相貌好,性格热情,心地善良,什么都好,就是太较真,太喜欢论理,且得理不饶人。

无论何时何地,和谁发生什么事情,楚雯筠都要和对方争论一番。如果一件事情说不清楚,没有一个定论,她就会纠缠到底,直到对方认输为止。有时候碰到同样事事据理力争的同事,吵架就在所难免。

久而久之,同事们都不太喜欢和楚雯筠有过多的交往,对此,楚雯筠觉得很委屈:“我是一个待人热情的人,所做的事情不过是把谁是谁非分析清楚。这有错吗?”

女人们要明白,好争辩的女人是不受别人欢迎的。对喜欢争论,经常千方百计把他人驳得哑口无言的女人,大家是敬而远之退避三舍的。在争辩里,也许你说服了对方,让对方人承认了自己的错误,但对方并不会因此欣赏你的好口才,而会对你记恨在心。如果仅仅是因为喜欢争辩,而失去朋友,树立敌人,实在是得不偿失。

即使你有一副好口才,也不要与人争辩,因为聪明的女人,不会和别人硬碰硬，她们懂得用理智的说服代替争辩，善于倾听、征询别人的意见，会采取间接、柔和的方式，把自己的想法渗透给对方，让对方在潜移默化下接受自己的看法。

那天，是夏岚岚和丈夫结婚五周年的纪念日，朋友们欢聚一堂。夏岚岚夫妻俩在朋友圈里是口碑极好的模范夫妻，五年来相处得甜甜蜜蜜，婚姻生活和谐美满，不像有些朋友的婚姻时刻充斥着争执和不满，经营了一两年就一拍两散。

于是朋友们起哄，让夏岚岚说出美满婚姻的锦囊妙计。

夏岚岚说："刚结婚的时候我们也吵，可是后来发现吵架一点用也没有。吵完了闹完了，问题还是没解决，俩人还都窝了一肚子气。有些小事，一旦吵起来，就特容易上纲上线。"

看到很多朋友因为琐事的争吵而离婚，夏岚岚学乖了，她决定以后事情该怎么办自己还怎么办，但绝不再和老公正面交锋。

没想到，一时的权益之计竟然有奇效。夏岚岚感慨道："我这才发现，男人其实是很孩子气的，他有时候发脾气，并非因为这件事的做法很过分，而是因为你违背了他的意愿，让他没面子。因此，我从来不跟他争。男人嘛，就要个面子，你给他这个面子不就完了？"说完这些话，夏岚岚的老公在她旁边呵呵傻笑。

夏岚岚虽然放弃了口舌之快，却得到了切实可行的实惠，她现在已经掌握了一套哄老公的万全之法，生气的时候怎么说，想要他做事的时候怎么说，自己做错事了该如何哄老公开心，她都心中有数。

不去争辩的女人，其实是聪明的女人。恰如其分地示弱和守拙，适当地甘拜下风，更显出女人的处事智慧。一个不争辩的女人所显示出来的教养和风度，会让其更加优雅，更受欢迎。

人际关系学大师卡耐基说："天下只有一种方法能得到辩论的最大

利益,那就是避免辩论。”在与人交往的时候,就算你与对方意见不合,就算对方大错特错,也不要以争辩显示自己的聪明。和对方争锋相对,只会让对方觉得你不尊重他。人人都是好胜之徒,聪明的女人,不争辩。

7.不管什么时候,谦恭都是女人的锐利武器

当今社会是个“秀时代”,工资涨了秀一下,过年发红包了秀一下,买了一件皮草大衣秀一下,职位晋升了秀一下,嫁入豪门了秀一下,假期旅游了秀一下……在网络中,在生活中,秀幸福、秀恩爱、秀财富、秀美貌的女人无处不在。

其实,只有那些才识不足,虚荣心重的女人,才喜欢在他人面前鼓吹自己。一个有修养的女人绝对不会锋芒外露,自命不凡。一个真正懂得营造和谐人际关系的女人,绝不会自我吹嘘和炫耀,而会保持大智如愚,谦恭和善。聪明的女人知道与人相处,贵在谦虚恭敬,只有谦恭才可赢得别人的认可和喜欢。

谦恭是一种魅力,会使人亲近你,信赖你,崇敬你。它给人以虚怀若谷的胸襟,豁达平和的态度,以及光彩照人的形象和强烈撼人的魅力。谦恭是对他人的一种尊重,在与人交往的时候,一番谦虚的话语远比夸夸其谈好得多。谦恭更是一种武器,可以说服感化他人。总而言之,谦恭是一个幸福女人不可不知的处世智慧。

在公司的一次内部竞聘中,舒涵仪战胜了其他几位竞争对手登上了经理宝座。此后,许多同事对她表示了祝贺和赞赏,有人甚至当众夸奖她是几位候选人中实力最强的。

然而，舒涵仪却坦诚说道：“其实几位候选人各有千秋。论管理我不如老陈，论经营我不如老周，论公关我不如小王。在以后的工作中，我还需要他们多多支持和帮助。”

听到这话，其他几位候选人都对舒涵仪的谦恭表示了认同。后来，舒涵仪不但以诚意留下了这几位竞争者，还在团队重组时根据他们的特长作了相应的工作安排。谦恭宽厚的态度使舒涵仪赢得了大家的尊重和支持，也使她在工作中获得了优秀的业绩。她上任后没多久公司的生意就蒸蒸日上了。

儒家传统文化提倡谦恭礼让，明代洪应明在《菜根谭》中写道：“处事让一步为高，待人宽一分为福。”这是对谦恭礼让的通俗解释。在与人相处中，如果你能以谦逊的态度处事，以己短比人长，自然能减少矛盾冲突，得到他人的支持。多说些谦恭的言语，会使对方觉得你富有涵养和人情味，能赢得其他人对你的好感。

在职场中，女人尤其要学会谦恭，向领导谦虚是本分，向同事谦虚是友善，向下属谦虚是体恤，向客户是恭敬。一个女人的事业是否成功，是否能够获得幸福，关乎她的心态。谦恭让我们顾全了大局，减少了不必要的矛盾，使我们拥有了更多的朋友，扩展自己的人脉网络，在和和气气的氛围中感受到了工作带来的快乐和幸福。

谢一婷是一家大型进出口公司的业务经理，销售业绩好，在公司里，对领导、同事、下属以及客户，都很谦虚，所以人缘也很好。

一次，老总派谢一婷去做区域总监，那可是一个大家争红了眼都想得到的岗位。可是令人吃惊的是，谢一婷不仅对这个美差无动于衷，还在公司的例会上，将此职位推荐给另一个业绩不错的年轻业务员。她在会议上对那人大加赞扬，并建议领导将更多的机会给予年轻人。

谢一婷这一谦恭的举动被领导称为举贤荐能，这让谢一婷心中一阵

窃喜。

后来,朋友们问她为什么要放弃那样一个机会,为什么在美事面前傻乎乎地谦恭,谢一婷答道:“我的业务已上轨道了,建立了人脉关系,如果再做不熟悉的事,会有很多麻烦,更何况我推荐的那个人还是我的竞争对手,他做了区域总监,我就少了一个竞争对手。”

谦恭的人,有自知之明,明白并且接纳自己的局限,而这种局限性,并不值得悲伤和遗憾,只要扬长避短就可以突破。谦虚豁达的人总能赢得更多的友谊,更多的赞赏和更多成功的机会,而那些妄自尊大的人总是令人反感,让自己到处碰壁。

古人说“谦受益,满招损”,也就是说,谦谦君子,用涉大川。谦恭是与人和睦相处的秘诀。只有你内心诚恳,以谦虚谨慎的心态去行事,才能和众人融洽相处,营造良好的人际关系。所以,聪明的女人选择谦恭谨慎,以和为贵的处事方针。那些无谓的明枪暗箭和口舌之争,女人还是少惹为妙。

第十一章

厌在心笑在脸，
对待不喜欢的人也要礼数周到

1.欣赏自己不喜欢的人，是一种难得的修养

我们常常觉得自己欣赏、喜欢或者崇拜的人，身上到处都是闪光点；但是，对于那些自己不喜欢的人，却不能用欣赏的眼光看待之，对自己厌恶的人，我们更是习惯将之一棒子打死，认为他们的身上没有一点可取之处。

在我们的生活中，最平常的人也有闪光点。得到他人的赏识，是促使自我努力奋进的动力，所以每一个人都渴望别人的欣赏。聪明的女人，应该学会去欣赏别人。学会欣赏，是一种宽容和大度，是一种赞美和修养。

《飘》中梅兰说过："假如你用挑剔的眼光看待这个世界，那么，你眼中将遍地荆棘。"与其漠视别人，厌恶别人，不如逢人先说三个好，不信你可以试试，当你以欣赏的目光对待自己周围的每一个人，欣赏自己并不喜欢的人时，你会发现，自己的交流变得融洽了，自己的生活变得更加美好了。

文坛上有这么一个美谈。当年台湾作家林清玄还是一家报社的记者的时候，曾经报道了一则关于一名小偷的新闻。新闻中说这个小偷作案手法细腻，虽然犯案上千起，却从来没有被抓到过。林清玄在报导的最后，情不自禁地流露出对那名惯偷的欣赏：那个小偷拥有如此细密的心思，拥有那么灵巧的手段，又那么斯文有气质，如果不去做小偷，从事任何一项职业想必都会大有成就。

人们没有想到，林清玄在二十多年前无心写下的这些赞美之语，竟然影响了一个青年的一生：当年的惯偷如今已经是台湾几家羊肉连锁店的大老板了。

在一次邂逅中，这位老板诚挚地对林清玄说："老师您当年写的那篇报道，打破了我生活的盲点，让我重新认识了自己。"从此，这位青年脱胎换骨，重新做人。

老板万分感谢林清玄当年对自己的欣赏和指点迷津，若是没有那一篇令误入歧途的青年醍醐灌顶的报道，恐怕他就不会有今天的事业和成就。

欣赏是一种美德，而欣赏自己并不喜欢的人，是一种大智慧，因为懂得欣赏可以带给对方希望和动力，所以请给予他人欣赏。女人们若是学会用欣赏的心态对待周围的人，就会发现其实生活并非自己想象中那样险恶。学会欣赏，同事之间就会多一份信任，少一份嫉恨；学会欣赏，朋友之间就会多一份温情，少一份伤害。

宰相肚里能撑船，欣赏自己不喜欢的人，是一种能力，更是一种难得的处世之道。心胸开阔的女人，理解与自己对立的人，包容自己不喜欢的人，用欣赏的目光看世界，忘却一些不愉快的事。如此，不仅能处理好人际关系，博得他人的好感，还能使自己的生活变得更轻松和愉快。

周芷涵是一家公司的执行部经理，工作一直很努力，却遇上了一个让她甚为反感的新同事。

对方是客户部的一名小姑娘，也许是因为名牌大学毕业的缘故，一进公司就张扬得不得了。不过老板很器重她，没过多久她就成了客户部的经理，和周芷涵平起平坐，两个人成为了经常要合作的对象。

小姑娘自从当上了经理就常常是目中无人。所以在工作过程中，她总会给周芷涵的工作找毛病来"挑刺儿"。

而每当执行部有什么事情处理不当时，小姑娘不把这件事情搞得

全公司都知道，是不会善罢甘休的。为此，周芷涵经常去总监那里投诉，抱怨客户部的苛刻和小姑娘的为人。

但是总监并没有理会周芷涵的抗议，而是建议周芷涵去和她建立友谊："她也许是个'恶霸'，但是人品和工作是两码事，她的工作能力也是很不错的。"

听了总监的话，周芷涵开始对小姑娘实行友善政策，甚至主动提出和她共进午餐。

慢慢地，周芷涵发现小姑娘虽然有点骄傲，在为人处世上有时不知深浅外，在工作上认真负责的态度确实令人敬佩。

欣赏别人不易，欣赏不喜欢的人更不易，聪明的女人，在与别人的交往中，最好学会欣赏与赞美别人，并且少一些指责多一些呵护，少一些批评多一些夸奖。在快节奏的现代社会，在一个无暇沟通的生活环境中，欣赏别人尤为重要，因为只有这样，人与人之间才会多一份融洽，少一分隔阂。

欣赏别人，要恰到好处；而廉价的吹捧，无原则的夸奖，只能算是拍马屁。我们要欣赏别人，要善于发现，善于挖掘别人的长处，就像伯乐相马一样。欣赏别人，需用心去体会，发出由衷的赞美。女人，不要吝啬自己赞美的语言，对喜欢的、不喜欢的人，都用欣赏的眼光去看待吧！

2.对不速之客的逐客令要下得有人情味

生活中你是不是有这样的遭遇：

吃过晚饭,你希望能静下心来看看书写写字的时候,总有一些不速之客会突然到来,搅乱了你静心读书的好心情?

劳累了一周,周日正在睡美容觉的你突然被一阵急促的敲门声惊醒,原来是你最好的姐妹找你逛街血拼;

那天你打算出门办事,同事却兴冲冲地到你家准备蹭饭……

有朋自远方来不亦乐乎。朋友相聚,促膝长谈,天南地北地无所不聊,不仅能增进友谊,交流感情,更能让我们的生活变得多姿多彩。不过,现实中常常有截然相反的情况出现:对方没完没了,越说越起劲,你焦急万分,勉强敷衍,想下逐客令却又怕伤了彼此的感情。这时候你该怎么办?

孙凤是村里最勤快的媳妇,长得又俊,当真是下得了厨房上得了厅堂,可是她最近有点不开心。原来,孙凤在院子里种了几垅蒿子秆,绿油油的,人看见了都会称赞,可是有个不识相的邻居柳嫂,每次去她家,连起码的礼貌也没有,来了就上菜地摘菜,摘完就说自己有事走了。这事情虽小,可是让孙凤心里很不舒服。

孙凤不愧是个聪明的人,被柳嫂摘了一星期的蒿子杆后,她终于想出了一个损招儿。那天柳嫂又来家里叙旧了,正说着"你家的菜可真嫩"往菜园子里走时,孙凤一脸微笑,热情地迎了上去。她握住柳嫂的双手说:"柳嫂好久不见,你又来拿菜啊,我去帮你一起摘吧,我们家的蒿子秆儿确实新鲜好吃,我家男人和婆婆可喜欢吃了,几乎每餐都要吃,可是你说奇怪不奇怪,这么多菜,可是每次总觉得不够多呢。"

说着,孙凤帮柳嫂去院子里摘菜。孙凤知道自己越是热情对方就越是不好意思。看着柳嫂的脸上一阵青一阵红,孙凤心里乐滋滋的,她想这柳嫂应该不会再来了吧。

有时候,并不是我们不欢迎访客的到来,而是事出有因,实在不想

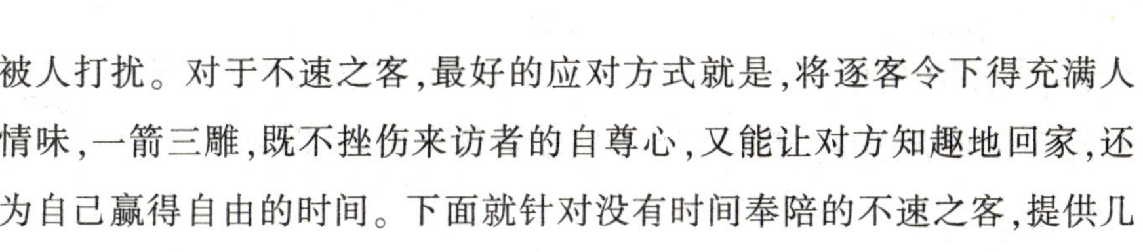

被人打扰。对于不速之客，最好的应对方式就是，将逐客令下得充满人情味，一箭三雕，既不挫伤来访者的自尊心，又能让对方知趣地回家，还为自己赢得自由的时间。下面就针对没有时间奉陪的不速之客，提供几招充满人情味的逐客令。

逐客令第一招：不直言相劝，委婉告之。

这是最简单的方法，你可以用婉言柔语来告诉滔滔不绝的客人：自己很忙，没有多余的时间跟他闲谈。比如，“今天下午我有空，咱们去聚一聚吧。不过从明天开始，我要准备写职称论文啦”这句话的意思很明显：从明天起请勿打扰。

逐客令第二招：标语逐客。

这一招适用于真的因为工作或者搞科研而没有时间闲谈的人和家有考生的家庭。比如，你可以学伟人在家贴上“闲谈不得超过三分钟”的字幅。

逐客令第三招：热情好客。

这里说的热情，特指过分的热情，即用热情洋溢的语言，周到得无可挑剔的招待，使好闲聊者知难而退。其实，过分热情的实质无异于冷淡，但它既不失礼貌，又能达到逐客目的，效果甚佳。

逐客令第四招：巧找借口。

看对方实在没意思离开，女人可以说：“下个周要交任务，你看我最近加班加得都没什么精神，你可千万别见怪！”这句话的潜台词是：我最近非常忙，还要赶进度，没有那么多时间和你闲聊。

逐客令第五招：采用商量的语气。

商量的口气总是容易被接受，比如女人可以说：“最近我丈夫一早便赶去公司加班，累得吃过晚饭后就想睡觉。咱们是不是说话时轻一点？”这句话虽然用的是商量的口气，却传递着十分明确的信息：你的拜访妨碍到了我丈夫的休息，我们还是下次再聊吧。

对女人们来说，拒绝别人是件不太容易的事，但是当你需要说不的时候，千万别因为情面而不敢说不，对于一些过分的人和过分的要求，你是一定要拒绝的。聪明的女人即使拒绝了别人，也会充满人情味，让人无法去非议。

3.如果有人故意刁难，你要不愠不火巧化解

做女人难，做幸福的女人更难，因为时常会有人故意刁难你。人与人之间，若都能够敞开心扉，谈笑风生，互帮互助，和谐相处，便能获得精神上的享受，生活上的幸福。但并非事事都能尽如人意。

你好不容易完成的设计，看起来天衣无缝，却被客户鸡蛋里挑骨头；你的同事嫉妒你的才能，在工作中处处跟你唱对台戏；你正与人谈得兴高采烈时，突然闯进来一位不速之客，对你横挑鼻子竖挑眼，使融洽的交谈气氛充满火药味……如果有人故意刁难你，聪明的你该怎么办？

魏阮萍在这家公司干了六年了，已经从一个初进公司的黄毛丫头熬成了一个老员工，她虽然工作勤勤恳恳，但是一直没有升职的迹象。年初，公司内部人员调整，人事部正好有缺，魏阮萍想调过去另寻发展之路。

于是，她跑到领导办公室对领导说了这个想法，却被领导毫不犹豫地否决了。领导说："那不行，我们这里人手本来还嫌不够呢，你这根顶梁柱撤了怎么行？小魏啊，我们这里可缺不了你啊。"

领导分明是在刁难自己。听到这样蹩脚的理由魏阮萍气不打一处来："哼，是这样么？平时根本不把我放在眼里，怎么到我想调走的时候，

却说我是顶梁柱了？你是不是有意刁难我，不放我走？”

领导听了魏阮萍的话，气得脸一阵青一阵红。两个星期以后，魏阮萍如愿以偿地调离了现在的岗位，可令她没有想到的是，自己没有被调到理想中的人事部，而是调到了一个不景气的部门。

你与同事同在一个单位工作，同坐一个办公室，称得上朝夕相处，所以一定要处理好办公室里的关系，若总是被刁难，将会对生活工作造成影响。当有人故意刁难的时候，聪明的女人不会暴跳如雷，不会横加指责，而会利用自己的智慧，处变不惊，临危不惧，轻易地化解错综复杂的矛盾，应对险象环生的局面。她们能通过周密考虑，漂亮地处理问题。

谌容是当代著名的女作家，她在访美期间，应邀到一所大学演讲，台下的美国朋友提出了各种各样的问题，她都坦诚地一一给予答复。

当有人问道：“听说您至今还不是中共党员，请问您对中国共产党的私人感情如何？”

谌容机敏地说：“你的情报很准确，我确实不是中国共产党党员。但是，我的丈夫是个老共产党员，而我们共同生活了几十年，尚未有离婚迹象，由此可知我同中国共产党的感情有多么深！”

谌容用偷换概念的方式巧妙地回答“对中国共产党的私人感情”问题，不仅机智得体，而且圆满缜密，让对方无可挑剔。

在待人接物上，著名翻译家傅雷有一句经验之谈，他说：“一个人只要真诚，总能打动人。”所以，聪明的女人，应该有宽广的心胸和气度。十个指头还有长有短，何况是不同的人？所以，你不要把某些问题放在心上，让对方的话，激起自己的脾气，让自己暴跳如雷，否则只会显得自己的定力不够，修养不足。

当别人刁难自己，当自己受到误会和委屈时，你只需继续保持自己的优雅，不急躁，不冲动，用真诚打动对方，方可巧妙地化解。用刁难来证明自己的修养和能力，针对你的刁难越多，说明你的能力越强。孟子曰："故天将降大任于是人也，必先苦其心志，劳其筋骨，饿其体肤，空乏其身，行拂乱其所为，所以动心忍性，曾益其所不能。"

4.如何与不喜欢的同事相处

职场中，你是不是常常碰到不喜欢的同事？

工作压力繁重，还不得不和不喜欢的人一起工作八小时甚至更多，难怪很多人都抱怨：生活真累！

与不喜欢的人共事，很多女人都会郁闷，但这是工作，必须得硬着头皮撑下去。可是久而久之，你会悲剧地发现，不停地抱怨不喜欢的同事，不仅会搞砸人际关系，还严重影响工作。女人，与其抱怨，不如学着接受。如果你能换个角度去看同事，也许会在讨厌的同事身上，发现值得自己学习的优点。

卢灵馨是公司的市场部经理，进公司已经三年了，对于这份工作她一直是左右逢源、游刃有余，直到她碰到了一个同事——唐诗诗。唐诗诗上半年刚进公司，是策划部的一个小职员，名牌大学毕业，双学位，一进公司就张扬得不得了，同事们都看不惯她的作风，老总却很重视她。只半年的工夫，唐诗诗就稳稳当当地坐到了客户部经理的位置。就这样唐诗诗和卢灵馨平起平坐了，还成了和卢灵馨经常合作的同事，这让卢灵馨痛苦不堪。

唐诗诗在工作过程中，总会给卢灵馨的工作找毛病挑刺儿，市场部

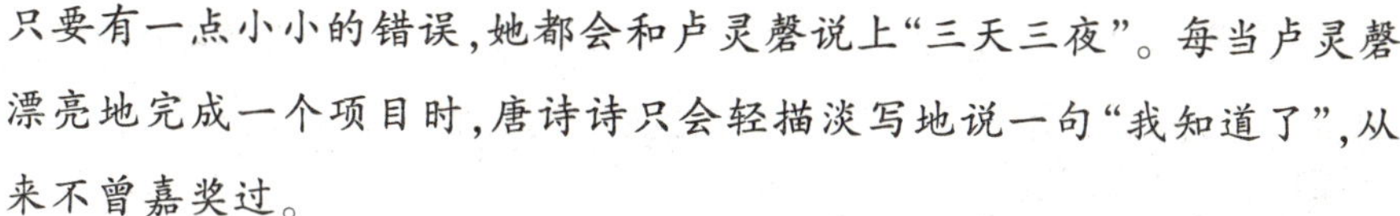

只要有一点小小的错误，她都会和卢灵馨说上“三天三夜”。每当卢灵馨漂亮地完成一个项目时，唐诗诗只会轻描淡写地说一句“我知道了”，从来不曾嘉奖过。

为此，卢灵馨跑去老总那里投诉，抱怨唐诗诗的苛刻和为人。但是老总并没有理会卢灵馨的抗议，而是建议卢灵馨去和她建立友谊，老总说：“小卢，你要知道，人品和工作是两码事，她的工作能力是很不错的，有值得你学习之处。”

听了老总的话，卢灵馨开始对唐诗诗施行友善政策，好几次主动提出和她共进午餐。这样的友善政策效果不错，自从吃了饭，在工作上，唐诗诗不仅不再给卢灵馨挑刺儿了，还经常提醒卢灵馨各种需要注意的工作事项，遇到大的案子她俩儿会坐下来平心静气地商量。虽然不可能成为好朋友，但是卢灵馨明白，至少两人不会再产生什么摩擦了。

生活就是这样，一个人不可能取悦每个人。在办公室中，我们不得不和自己不喜欢的同事抬头不见低头见。既然如此，当我们遇到不喜欢的同事时，该怎么与之相处？

第一，我们要学会倾听。在办公室中，误解是很多纷争产生的原因。对于那些看不惯的同事，我们很容易从内心对他们产生一种排斥。所以我们要时刻确保自己获取了对方话中的全部信息。

第二，我们要保持冷静。冲动是魔鬼，当别人惹怒你、伤害你、中伤你的时候，你总会忍不住地发脾气，对他们大加指责。聪明的女人不会这样做，除非他们犯了很严重的错误。因为冲动只会导致两败俱伤，而且事后你们当中的任何一个人都不会改变自己的看法。

第三，在工作中要学会大度。工作中，很少有十恶不赦之人，女人们犯不着对每一个同事都怀有强烈的防御之心，更何况，要在工作上有所发展，你需要得到同事们协助的力量。你不喜欢的同事和你处于同一屋檐下，是不可改变的事实。你其实可以这样想，他既然能成公司的一份子，就具有和你共事的能力。与其计较对方为人处世的方式，不如多看看他有着怎样的优势可以提高你的能力。懂得欣赏别人的优点，懂得发现别人的长处，才能帮助自己成长。

第四，在与不喜欢的同事相处时，要学会沟通。个人好恶只能代表自己的想法，并不代表公司的想法，学会沟通你才能消除间隙、以避免冲突，从而获得尊重。你要学会与自己讨厌的同事共事，对比自己强的同事，要有适当的妥协，以此换回别人对你的支持。

第五，必要的时候要学会划清界限。俗话说，惹不起躲得起。你不必和每个人都成为朋友，这意味着当别人需要你的帮助的时候，你不必都答应。同样，你也没必要压抑自己，当谈话触及到你的死穴时，你可以大方地将它们纠正过来。对付那些爱挑拨离间的同事，最好的办法是在工作时间以外跟他们保持距离，并切记言行谨慎，避免有任何把柄给他抓住。

第六，以静制动。当你和一个正生气的同事打交道时，最糟糕的情况是继续和他争论，因为你与其争论时，会接收其全部的行为，包括他的辱骂。当你遇见中伤自己，诽谤自己的同事时，完全可以以静制动，对其不理不睬。而对于那些笑里藏刀的同事，你只要在表面上跟他维持友好关系，暗地里防范他，对他有所保留，就无法让他对你下手。

第七，在工作中，你要永远记住自己的价值。你是有价值的，这就意味着，同事需要你，公司需要你，工作需要你。当你不喜欢的同事与你发生了不可避免的争吵时，聪明的女人，会记得自己的价值，不会因为这些事情而轻易辞职，让小人得逞。

5.不要顶撞上司，除非你打算辞职

你为之奔波了三个月签来的单子，是不是被领导贬得一无是处？

你花费三天三夜辛辛苦苦想出来的创意，是不是在周一的员工大会中被老板一票否决？

你天天工作勤勤恳恳、无怨无悔地加班，会不会因为一次交通拥堵上班迟到而被老板骂得狗血淋头？

在职场中，被老板训斥是最窝火不过的事情：批评对了，自己已是成年人，面子保不住；批评错了，简直比窦娥还冤。聪明的女人明白，即便是批评错了，被误会了，也不要顶撞自己的上司，除非你打算辞职。

贺尔岚是一名有能力有潜力的设计人员，虽然刚来公司，还是在试用期，但已被公司领导晋升为负责人。

学设计的贺尔岚喜欢独立的创意，讨厌别人指手画脚，可是不幸的是，年轻气盛的她遇上了喜欢指手画脚且脾气暴躁的上司。

上周，设计部发生了一件让贺尔岚觉得不可理喻的事情。因为公司要求，贺尔岚他们需要在两个星期内完成一个策划。可是当贺尔岚和所有设计人员加班加点把策划书做出来的时候，他们的上司却一点也不满意，对他们大发雷霆。

仅仅三天的时间，上司就把贺尔岚的策划否定了八遍，贺尔岚觉得上司简直是在侮辱自己的创意和才能。面对挑三拣四、吹毛求疵的顶头上司，她终于忍不住狠狠地说道："这是最好的方案，你爱改自己改，我反正改不了。"

从来没有受到过下属这般顶撞的上司把对策划的所有不满都归咎到贺尔岚头上。大声地对贺尔岚说:“你这样完不成任务，说明没有能力,公司不需要你这样的庸才,明天你不用来上班了。”

虽然我们都想处理好与上司的关系，但是相处过程中难免会有矛盾。在处理这些矛盾的时候我们应该冷静下来,第一要想想自己的责任是什么,是不是自己没有尽职尽责;第二要考虑顶撞上司值不值,不要一招不慎满盘皆输;第三,要保持冷静,不要因为上司的一句话而遗弃自己的优雅。一个人会对上司心存芥蒂,大都是因为自己的努力得不到上司合理的肯定,自己的委屈得不到上司的理解。

当你与上司有了矛盾,最愚蠢的解决方法是顶撞上司,上司会因为你的不留情面,对你无情无义,轻者处处给你穿小鞋,重者让你卷铺盖走人。

里边的办公室里,老板又开始骂人了:“詹伊莲,你最近怎么搞的,发给陈老板的合同你怎么不早点给我?你这不是耽误公司的生意么?”

听了老板的话,詹伊莲觉处自己真是哑巴吃黄连,明明上个礼拜自己就把合同交给老板了,老板因为工作繁忙,一直没有批示文件。明明是他的失误,现在却要责怪自己,真是会推卸责任!

自从去年做了老总的秘书以后,这样的事就频频出现。詹伊莲偶尔会跟老板理论两句,以求得老板的理解,可是,她发现,每当自己的话说到一半,老板的脸就拉得比驴还长。

詹伊莲后来想想,觉得老板经营一家公司,打理好各种关系,也不容易,健忘是正常的。事情的解决方法不只有一种,既然不能改变老板的脾气,那就改变自己的态度。于是,詹伊莲对自己的心态和做事方式进行了一番调整。后来,她会时常提前提醒老板:“刘总,业务总结下周三就要交了,您批过了吗?”“对了,发给您的营销方案您过目了么?”

因为为人诚恳，做事认真，詹伊莲成了老板的得力助手。

面对上司的指责和不满，你会做出怎样的反应？是愤怒地顶撞，义正言辞地辩解，还是得理不饶人？其实，一切都依赖你的选择，一切都是心态问题。女人要学会做自己心情的主人，不能因为别人的斥责而扰乱了自己的心境。当批评和责备来临的时候，聪明的女人，会保持谦虚，保持冷静。知错就改善莫大焉，既然上司已经批评了，与其顶撞，还不如干干脆脆说句“对不起”，让自己表现出下属应有的工作态度。

请记住，你不是非得喜欢上司才能与其一起共事，上司的存在，源自你需要这份工作。身在职场，不要让厌恶愤怒的负面情绪干扰你正常的工作秩序，不要让不理智的言语冲撞了你的上司，如此才能经营出合格融洽的上下属关系。

女人们，再也不要为上司的批评而抓狂了，再也不要去顶撞自己的上司，你要清楚，上司的批评和责备，只是一种管理方式。每一个职场人都应该感谢批评自己、给自己压力的上司，因为这些批评这些压力，是你奋发向上的动力，让你具有不折不挠的精神，让你在职业生涯中步步高升。

6.当遭遇到能力不如自己的上司

你是不是感叹自己的上司不是一个好伯乐，不懂得挖掘像自己这样的人才？

你是不是抱怨自己的老板没有眼光，抓不住市场的发展方向，不能运筹帷幄？

你是不是觉得自己的领导太逊色，要不是有裙带关系，不可能坐上总经理的位置？

身在职场，每个人都希望自己的上司不仅能力超群、让人佩服，还善解人意、让同事们信服，最好他还不厚此薄彼，能给下属充分的理解和学习的机会。可是，职场是一个鱼龙混杂的场所，每个上司都有不同的处世态度，良莠不齐的能力，不是所有人都能这么幸运，能遇到一位令自己信服的上司。

女人总喜欢在空闲的时候聊天。有一次，公司几位同事趁领导不在，悄悄地聊天。

这时候，钟韵文仗着自己精湛的技术，愤愤不平地说："这号人还配领导我们这些精英，要是我是他的话，早就乖乖下岗啦，哈哈。"她的能力是全公司的人有目共睹的，她上司的平庸也逃不出群众们雪亮的眼睛。于是，同事们开始对上司说三道四。

世上没有不透风的墙，但谁也不知道这风是怎么透的。在一次例会上，上司直截了当地说："最近，有的同志在工作上很浮躁，喜欢抱怨，喜欢传播小道消息，这对工作极为不利，小心摔跟头。"

语间威胁的潜台词令人不寒而栗。对此，钟韵文虽然嘴里不说什么，但心里却有很多的不服气。

有时候，一些从名牌大学毕业的大学生，一些专业领域的精英，遇到比自己逊色的上司，会表现得十分傲慢，不把上司放在眼里。女人们，应该明白自己的角色只是一个打工者，得罪上司和老板，无论从哪个角度看都不是件好事。

在职场上，知道守拙的女人才能吃得开。如果你常常表现得比上司聪明，有能力，等于是在否定对方的智慧和判断力，打击其自尊心，如此的后果，我们不难想象。所以，面对能力不如自己的上司，故意露怯是一个不错的选择。

费秀奕曾经在一家大型日资企业工作，并且有五年的工作经验，后来她因丈夫的调遣而搬到了另一个城市，来到了现在这家公司。因为工作内容与原来相同，所以费秀奕得心应手。不久，部门经理就对她说："你能力很强，我可是随时准备交班啊，呵呵。"

费秀奕心里也觉得自己可以代替他，因为这位经理是自学成才，知识和技能方面存在先天不足。而费秀奕在工作中表现得独立有主见，能力特别强。经理和费秀奕比起来，实在逊色多了。

由于个性率直，费秀奕在讨论一些工作问题时，常与经理发生争执。虽然经理有时对她也有一定的暗示，但费秀奕不以为然。

久而久之，经理疏远了费秀奕，开始对她有所防备，再也没有提起交班的事情。

在遇到能力不如自己的上司，而这没有人情味的上司又常常刁难自己的时候，有些女性会公然与其对抗。女人们，在要性子之前动动脑子吧，不要意气用事，你的对手是你的上司，处理不好只能让自己卷铺盖走人。

有些女人，会跟上司较劲，看谁有真本事。可是她们很快会发现，就算对方再逊色也是自己的上司，如果对方给自己扣上一顶"不尊重领导""不服从公司安排"的帽子，就只能让自己百口莫辩了。

还有一种自作聪明的女人，会找上司的上司告状。女人们请动动脑筋吧，那位能力不如你的上司就是这位上层领导选定的，他岂能会因为你这个小员工的反映，而承认自己的用人失误呢？

还有一种内心脆弱的女人，会选择辞职不干。这样的女人未免也太傻了，仅仅因为能力不如自己的上司，而辞掉一份已经干得得心应手的工作，未免也太不值了。

年轻的职场菜鸟们，当你们遭遇了逊色于自己的上司，会怎么办？如果你不想调离或辞职，就千万不能让自己陷入僵局之中，此时唯一的解决方法是努力去和上司周旋。以下几种对策可为你挣得回旋的余地。

首先，"霸气外露"的女强人们，请收起你的锋芒。枪打出头鸟，在办公室里，锋芒毕露，只会引起上司的戒心，没有哪个上司愿意承认自己的能力比下属差。所以，请你收起自己的远见卓识，留下空间给上司作总结。多请示汇报，少擅自作主。

其次，在职场中找准位置，不越位，不越俎代庖。在办公室中，身为下属的你，一定要摆正自己的位置，不要反客为主，不要在公众场合喧宾夺主，使上司陷入尴尬的境地。

第三，忽略上司的不足，找到上司的闪光点。人无完人，谁都有缺点。上司之所以能成为你的上司，必然有他的过人之处。职场比拼的是综合素质，而不是专能。尺有所短，寸有所长。你虽一技之长胜过他，可上司的综合素质比你强。聪明的女人知道，在办公室，若是你总去找上司的缺点，上司哪天也会找到你的缺点，把你请出办公室。

办公室中，我们和上司同坐一条船，在利益上是相辅相成的。即使他比你逊色，聪明的你，也要明确上下关系，不意气用事。既然在同一个公司处事，你就不得不遵守职场的游戏规则，那种不必要的较劲，最终会搬起石头砸自己的脚。

第十二章

言辞修养，
要将难以启齿的话说得漂亮

1.否定的话要说得委婉漂亮一些

当看不惯眼前的事情时，当别人犯错时，脾气不好的女人会忍不住大发雷霆，当面否定对方的努力和成绩，并且批评指责对方。然而，一阵狂风暴雨之后，一次苦口婆心的谆谆教导之后，她会沮丧地发现，自己的善意并没有被对方接纳，甚至适得其反。

将心比心，人都是有自尊心的，被否定被批评总不是什么光彩的事情，所以当有人犯了错，尤其对方已经知错时，你不妨以温和的方式低调处理，把否定的话说得委婉漂亮一点。那么对方定会心怀内疚地改正，并对你心存感激。相反，若是你当众指责对方的过错，那么会使事情变得更糟，你们的关系也将蒙上阴影。

包茜柏是公司的业务部经理，年末了，公司发下通知说再过两周就放年假。可是她发现，部门新来的小严最近几天工作时都心神不定，既不出去跑业务，也不在网上拉客户，一天到晚在办公室不是发呆就是查火车票。

本来包茜柏想把小严叫进办公室好好教训一顿，还有半个月才放假，这样的工作态度怎么行？可是再一想，这小严刚大学毕业，一个人跑到北京来打拼，虽然没有经验没有背景没有人脉，但是平时也算认真好学。可能快过年了，这小丫头想家了。

于是包茜柏把小严叫进了办公室，请小严坐下来，让秘书给她倒了一杯温开水后，就让秘书退了出去。包茜柏开始与小严聊天，聊天中包茜柏知道自己的推断没有错，于是对小严说："小严，你的思乡之情，我

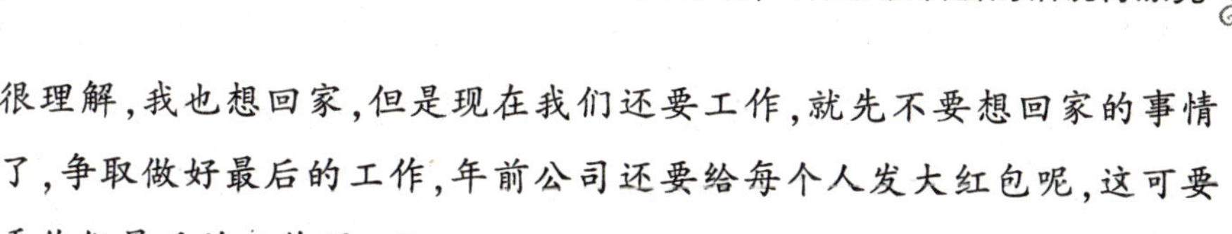

很理解,我也想回家,但是现在我们还要工作,就先不要想回家的事情了,争取做好最后的工作,年前公司还要给每个人发大红包呢,这可要看你们最后的工作呀。”

一番话下来,小严会意了。在接下来的工作中,包茜柏发现努力工作、奋发向上的小严又回来了。

愚蠢的女人才会在公共场合,不顾一切地去否定别人,批评别人,她们会语重心长或者或愤怒地说:“你彻底错了,当初如果听我的话……”“你怎么会犯这么幼稚的错误”“你就不能聪明点么”“你有没有想过后果”……

实际上每个女人都知道,否定和批评的真正目的,并不在把对方否定得一无是处,也不是将对方批评得体无完肤,彻底地打败对方,而是为了纠正对方的错误,让对方改正。可是,否定的话和批评对任何一个人来说,都是一件令人难为情的事情,如果你当着好多人的面说出,不仅会让人感到尴尬难堪,还会伤害别人。

楼漪澜的丈夫是重庆人,吃菜的口味偏咸。楼漪澜一直劝丈夫说吃得太咸对身体不利,但她总找不出确凿的证据。

后来楼漪澜去咨询了专家。回来后,她和颜悦色地对丈夫说:“亲爱的,盐吃多了会导致骨质疏松,还会诱发心脑血管疾病,味精吃多了容易患老年痴呆。我想和你白头偕老,所以你得注意自己的身体啊!要是你老了得了老年痴呆,连我都不记得了可怎么办啊!”这句话把老公逗乐了,他笑着说:“行,听老婆的,我们以后吃清淡点。”

楼漪澜的丈夫挤牙膏老爱从中间挤,对此楼漪澜没有直接指责他,而是聪明地说:“亲爱的,如果你能从下往上挤牙膏,我会更爱你。”从此,丈夫再也没有从中间挤过牙膏。

楼漪澜的丈夫还有一些坏毛病,但楼漪澜从来不直接说明让他改

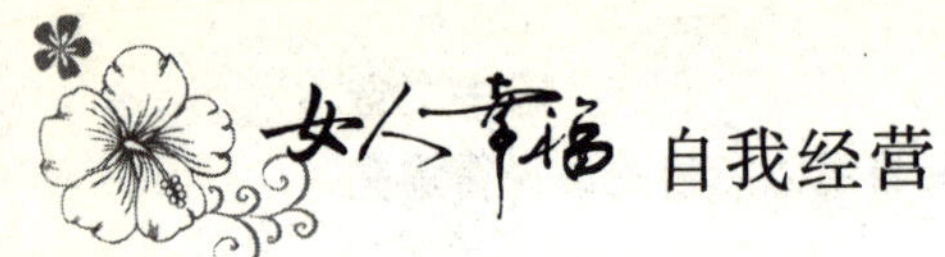

正,而是用行动去提醒他。丈夫进门后习惯将鞋乱扔,这时楼漪澜会立即走过去把丈夫的鞋子整齐地放在鞋架上;丈夫习惯将外套随手扔在沙发上,这时无论手里干着什么活,楼漪澜都会停下来先将他的外套挂在衣架上,再接着去做前面的事。反复几次后,丈夫开始感到“不好意思”,逐渐地这些坏习惯改掉了。

聪明的女人懂得用耍手段的方式来调教老公，她们从来不把否定的话挂在嘴边,但能让男人为自己而改变。面对男人的不良习惯,直言的否定和责备,只会让他变得叛逆。你若是想让他心甘情愿为你改正,就要讲求方法，不要用比刀子还利的嘴来伤害他，就算他是无敌铁金刚,一旦心灵受到伤害,也会留下难以磨灭的疤痕。

总之,会说话的女人知道,率直地否定一个人的言行,不但得不到他的虚心接受和改正,伤害他人的自尊,还会使自己也成为一个不受欢迎的人。所以,对于否定的话,我们不妨说得委婉一点,漂亮一点。

2.给批评的苦药裹上糖衣

俗话说“良药苦心口利于病,忠言逆耳利于行”,其实,这话说得太绝对,聪明的女人知道有一种良药叫做糖衣药。会说话的女人,善于把批评裹上一层糖衣,让忠言变得顺耳,变得委婉幽默,激荡人心。既然糖衣片同样可以治病救人，既然裹上糖衣的批评也利于行，何乐而不为呢?

批评是一种艺术,它不但事关受批评者的内心感受,直接影响批评效果,而且反映了批评者的道德和个人修养。发现别人犯了错,不会说话的女人会毫无顾忌地批评说："你错了！"而聪明的女人懂得，批评的目的是为了让别人认识并改正自己的错误，而不是要把对方一棍子打死，更不是为显示自己的威风。她们有一张巧嘴，知道批评的时候，不能仅仅说批评，还要赞美。不管她们要批评的是什么，都会先找出对方的长处来赞美。

郝攸芮是一家4S店的汽车经销经理，自有一套批评方式，而且她对自己的批评的效果很满意。

临近年关，公司里一位老员工的工作态度每况愈下。然而，郝攸芮并没有对他进行大声批评，而是把他叫到办公室，进行循循善诱式的教导。虽然整个过程中郝攸芮没有说一句批评的话，却神不知鬼不觉地达到了让对方改进错误的效果。

郝攸芮先询问了一下该员工最近的家庭情况，然后说："顾师傅，你是一位很棒的技工，在现在这条生产线上干了好几年了，修出来的每一辆车子都很让顾客满意。"

小顾听了，面露喜悦。

郝攸芮继续夸赞小顾，说："顾师傅，你也知道，最近公司来了一位小秦，小伙子挺好学，不过修车的速度和质量都不乐观，年轻人嘛，就需要你们老师傅来提点。以后你要多指点小秦啊。"

小顾连声说好。

郝攸芮接着说："你也要做得更加好，至少比现在再好一点，给新员工做出一个表率。你是我们公司最出色的技工，公司上层都很看好你的。"

顾师傅喜滋滋地走出了办公室，之后一改这段时间的懒散，不仅常常指点新员工，还把自己的工作干得越来越认真了。

在欧美国家，企业家常常主张使用三明治批评方法，即在批评别人前，先找出对方的长处赞美一番用做铺垫，力图使谈话在友好的气氛中进行，然后再提出批评，最后说一些赞扬的话语作为结束语。这样，裹在三明治中的批评，不仅不会让人难堪，还维护了对方的自尊心，达到了批评的目的。

聪明的女人，如果你尊重一个人，抬举一个人，对方自然愿意为你效劳。但是，每个人的性格不同，心理不同，利益点不同，所需要的赞美也不同。会说话的女人会给不同的人，量身定做一块合适对方的“三明治”。

都说婚姻是爱情的坟墓，即便不是坟墓，对于万范玲来说，也是一个死穴。结婚以后，万范玲发现丈夫对自己越来越不重视了，往日的甜言蜜语和缠绵一去不复返，现在两人的交流时间少之又少。

白天丈夫忙着工作，忙着应酬，晚上回来又忙着看电视，上网，聊天，看小说，跟自己说话的时间都没有了，更别提关心自己和孩子了。现在孩子已经四岁半了，万范玲一直想和丈夫商量把孩子送到幼儿园，却一直没找到机会。

一天晚饭后，万范玲问丈夫：“晚上有什么安排吗？”

“看电视呀，欧冠马上开始啦。”

“那么看完电视呢？”

“我想想，对了，老王今天约我上网呢，好久没见了，他刚买了电脑，想和我聊会儿。”

“接下来呢？”万范玲问。

“没有了。”

“那么请问高先生，可以为我做点儿事情么？”

“好啊，很高兴为女士效劳。”丈夫开心地回答。

“请公务繁忙的老公抽点时间陪我聊一会儿，我想和你说说孩子的教育问题。”

丈夫一听，立刻认识到了自己的错误，向她道歉说："亲爱的，对不起，最近我对你的关心不够。"

当别人犯了错误，或者忽视了我们的感受，我们需要对其进行批评的时候，请把对方摆到和自己平等的位置上来，换一种表达方式，能让你和被批评者都换一种心情，这既能显示出你的气度，还会让对方对你心悦诚服。

其实，批评之所以不受欢迎甚至遭人拒绝，原因有两个：一是批评不分青红皂白，会让被批评者蒙受不白之冤；第二个也是最重要的一个原因，是批评者权威性家长式的批评，会引起对方的反感。聪明的女人，懂得给批评包上糖衣，让批评变得悦耳动听，深入人心。

3.面对他人的不合理请求，要学会拒绝的技巧

善解人意、通情达理的女人，你是否有这样的经历：

有时候，闺蜜请求你去好久没联系的同学那儿疏通关系，你并不乐意；

有时候，和你关系很好的同事想请你帮忙完成一份策划，可是你很忙；

有时候，你的上司想让作为会计的你在报表上做一点点改动，可是这事关重大；

有时候，你的客户对你提出不合理的要求，你想一口拒绝，可是对方是公司的大客户，你得罪不得……

有时候，我们面对他人不合理的请求时，明明不情愿，想说"不"，可

是因为各种因素的威胁，会生生地把它吞到肚子里，笑并且勉强着说“成”，回到家后，你会越想越不对劲，会为答应了对方的不合理请求而不安、沮丧，自责不已，悔不当初。女人们，你不是不敢向对方说“不”，而是怕得罪人。但你应该知道，有时候人是必须要选择拒绝的，凡事不能有求必应。聪明的女人知道如何拒绝却不得罪人。

人生得一知己足矣，对于付子美来说，闺蜜曾盼就是自己的知己、姐妹、朋友、搭档。两个人从高中到现在已经有十几年的交情了，两个人经常出去玩，唱歌，喝茶，聊天。

那天，付子美加班回家，半路上，手机铃声响了起来。接了电话后，她听见曾盼在电话那头喊：“女人，快点过来，我在中华大街的永琪做头发，快来看看我的新造型吧，嘿嘿，肯定让你眼前一亮。”

听到闺蜜这样的盛情邀请，付子美犹豫了，自己本来今天就身体不舒服，现在又加了晚班，挺累的，好朋友今天这么高兴，自己该扫她的兴致么？

付子美思量再三，觉得如果自己去找曾盼的话，打车过去要半小时。自己现在特困，就算没在出租车上睡着，也会在理发店睡着，这样岂不是更扫姐妹的兴？如此不但自己没心情也许还会惹得曾盼也没心情。

于是她对曾盼说：“亲爱的，我今天刚加了夜班，而且生理期到了，身体实在不大舒服，想早点回去睡觉。明天我来看你的新造型行么，我请你吃饭，为你的新造型庆祝一下吧，嘿嘿。”

曾盼听后，虽然心底有点失望，但还是应允了，她说：“亲爱的，那你早点休息啊，别累着啦，记得明天你请客哟，拜拜。”

虽然拒绝难免会让对方失望和生气，但与其答应了对方却做不到，还不如在拒绝的时候说明原因，相信如此以后对方会体谅你的困难。

拒绝别人，并不是一件罪大恶极的事情，不要把拒绝当成是要与对方的决裂。当你拒绝对方的请求时,千万不要绷着一张脸,而应带着友善的表情来说"不"。你更可以在拒绝的前提下,附上可观的附加值,这样就不会伤了彼此的和气,得罪了他人。

周依韵长得漂亮,口才也不错,是一家百货公司的销售人员。因为她的销售量一是全公司最棒的,所以常常被评为公司的销售之星。

不过那天,周依韵碰到了一件棘手的事情:一位顾客来到她的柜台前,语气坚定地要求退换一件女士风衣。周依韵仔细检查外衣后,发现其有明显干洗过的痕迹。可是,这位中年妇女却说:"我绝对没有穿过,我拿回家,发现并不喜欢,想换一件不同款式的,你们这里说一周内包换,不会这么没信誉吧。"

周依韵知道这女人不会打没有把握的仗,因为要调换的风衣已经被这女人精心包装成没有穿过的模样,而且她还抓住了公司对售出的商品一周包换这一条规定,周依韵知道,要是自己坚持不换的话,双方可能会发生更大的争执。

于是,机敏的周依韵说:"我很想知道是否你们家的某位成员把这件衣服错送到干洗店去。我记得不久前我也发生过一件同样的事情,我把一件刚买的衣服和其他衣服一起堆放在沙发上,结果我丈夫没注意,把这件新衣服和一大堆脏衣服一古脑儿塞进了洗衣机。"

听了这话,那位女顾客的脸有点发红。

周依韵拿来一件新的同款风衣,说:"女士,可能你也会遇到这种事情,你丈夫和你婆婆实在是太勤快了,你看,因为这件衣服的确看得出已经被洗过的明显痕迹。不信的话,你可以跟其他衣服比一比。"

顾客看了看证据,知道自己无可辩驳,只好拿着风衣走了。临走时,她顺便微笑着对周依韵说:"不好意思,我回家问问老公,是不是把它洗过了。"

周依韵也笑着说:"你丈夫挺勤快的,你应该感到高兴。"

面对不合理的请求，无论对方是谁，我们都有权利拒绝，选择说“不”没什么大不了的。女人，请你克服“不好意思拒绝”的心理障碍，站稳立场，守住自己的利益，勇敢地拒绝别人！当然，聪明的女人，不仅仅会维护自己的利益，勇敢地拒绝，还会选择委婉地说辞，既不伤对方面子，不得罪对方，还让对方感觉出你的诚意。在拒绝的时候，你不仅可以直言自己的难处，更可以帮对方找台阶，理解对方事出有因，协助对方找到解决问题的其他方法。

4.拒绝求爱时，如何不伤其心又让其知趣

爱情就是在对的时间里遇上对的人。但如果是在对的时间里，遇到一个你不爱的但又对你死缠烂打的人，就是悲剧。女人要学会爱自己，要知道自己需要的是什么。爱自己不是找一个爱自己的男人，而是找一个爱自己且自己也爱的男人。

一个你对其毫无感觉的男人，对你倾情奉献时，你若引以为豪，欣然接受，最后只能玩火自焚。被爱固然是幸福的，但你要学会对错误之人的穷追不舍说“不”，绝了对方的念头，放自己自由。聪明的女人要学会委婉间接地拒绝，从而既不伤追求者的心，又让其知趣地闪人。

人们都说要爱上自己的工作，但不要爱上自己的老板，段芊柔虽然没有爱上自己的老板，但却卷进了一场莫须有的办公室恋情当中。这不仅影响了她的工作，搞砸了她的人际关系，还让她背上了沉重的精神包袱。

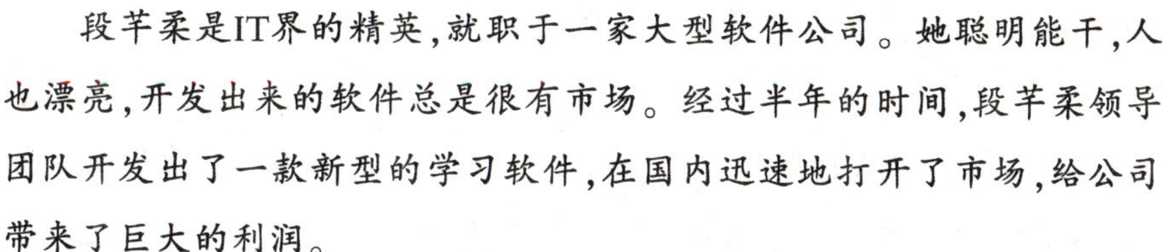

段芊柔是IT界的精英，就职于一家大型软件公司。她聪明能干，人也漂亮，开发出来的软件总是很有市场。经过半年的时间，段芊柔领导团队开发出了一款新型的学习软件，在国内迅速地打开了市场，给公司带来了巨大的利润。

公司的表彰会后，段芊柔的上司找到她说："下班后再为你庆功吧，我代表公司请你。"因为快速打入市场而满心欢喜，段芊柔毫不犹豫地答应了。下班后，她来到上司预定的饭店。吃饭的时候，两人聊了很多，段芊柔第一次发现上司是个非常幽默的人，总是能把自己逗得大笑。吃过饭，上司说天还早，邀她去跳舞，她推辞了一下，就答应了。那个晚上，他们玩得很愉快。

可是后来，上司经常请段芊柔吃饭打桌球唱歌，借口多半是庆祝她出色的表现和业绩。有时段芊柔并不想去，但看到对方诚恳的眼神，想到对方是自己的上级，段芊柔不好意思拒绝。可是有一天喝过酒后，上司抓住她的手，对她表白了。当下段芊柔就说自己有男友了，可是上司表示自己并不介意。

这时候，段芊柔发现身后总有人对自己指指点点，私下里议论她和上司的秘密恋情。段芊柔苦恼不已：虽然自己在开始的时候就已拒绝了，可是上司还是一直邀请自己去吃饭。而另一方面，相恋两年的男友听到传闻后对她怀疑不已，常常对她大动肝火。

在拒绝的时候，女人要注意用词委婉，要懂得给对方留面子，比如当办公室的追求者再次邀请你时，你可以找各种借口，例如身体不舒服，已经约了朋友，也可以拉上朋友或者其他同事，千万不能因为不好意思拒绝，而到最后既丢了工作，又丢了名誉。

对于工作上的事情，你要学会服从，要勤勤恳恳，对于工作之外的事情，你要学会以诚相待，不卑不亢，该拒绝的时候就拒绝。其实，拒绝上司的不理性、不合理要求，并非一定是坏事，它能让上司发现你的成熟矜持和个人尊严，让他对你产生敬意。

骆沫露是标准的剩女，二十七岁了仍然待字闺中。皇上不急太监急，骆沫露的朋友看不下去了，帮她介绍了一个叫应贤的对象。这个应贤，是个人才，各方面条件都很优越：名校毕业，后出国进修，目前开了一家软件公司。

第一次约会以后，骆沫露便接到女友的电话，女友说，应贤对她印象好极了。接着，应贤的电话便打进来，言谈很是礼貌周全。可是骆沫露知道，自己对这样的男人不感冒。

于是骆沫露委婉地说："你很优秀，可是我只是一个普通小白领，我觉得你应该找个比我更优秀的女孩。"可是应贤却认为骆沫露对自己也有好感，执意认为骆沫露拒绝自己的话，只是女孩子应有的矜持。

后来应贤每天早上都会去骆沫露公司给骆沫露送花，晚上下班会送她一程。一次，骆沫露的父亲住院了，他大包小包地去探望，赶上休息就日夜守候。

骆沫露开始时因为这是好朋友介绍的对象，碍于情面不好直接拒绝，可是各种暗示应贤都听不进去，她只能直接告诉他："我们没有可能。"

没想到，智商一流，情商弱智的应贤还是一如既往地对其进行狂热追求，这不仅限制了骆沫露的自由，还让她很有心理压力。

若你犹犹豫豫似是而非，导致自己勉强同意或者让对方误会你同意了对方的追求，只会害人害己。专家说对于这类对拒绝不敏感的男人，你无论采取什么办法都是徒劳的。他就像一只挥之不去的苍蝇令你讨厌。对付其的唯一办法是不给他任何机会，让其知难而退。

这类死缠烂打的男人是少之又少的，多数男人都不是傻子，你简单的几句话，基本能轻松地说服他，让他打退堂鼓。如果你实在不知道如

何开口,就请参考下面的几个拒绝求爱的方式。

第一,最直白版:谢谢,我不喜欢你。我们不合适。我对你没感觉。

第二,最煽情版:如有来世,我们会相爱,可是今生我已名花有主。

第三,最可爱版:你好,你是哪位?

第四,最无奈版:对不起,你是个好人。但是,我一直把你当做哥哥。

第五,最绝望版,我已经有了心仪的男友,最近正在筹备婚礼,对不起。

不管哪种方式,女人在拒绝对方的时候都一定要顾及到对方的自尊,采用委婉的话语表示不能接受,这样能够避免一些内向、脆弱的男人受到严重的打击,从而消沉下去。与此同时,你一定要能明确地表明自己的立场,半推半就式的拒绝会让局面难以收拾。

第十三章

懂点人情世故，
你已经过了童言无忌的年龄

1.成人的世界里，《皇帝的新衣》中的孩子吃不开

有时候，我们很佩服《皇帝的新衣》中的那个孩子，他比成年人更有勇气，更率直，一语击碎了成年世界的虚伪。

有时候，我们在经历了职场的尔虞我诈之后，会很希望回到小时候，那样自己便可以永远率直单纯，不必像现在这样瞻前顾后畏畏缩缩。

有时候，我们厌倦了交往中的各种面具，会很羡慕那种没有心机的人，他们虽然看上去很粗心，但是做事不必察颜观色，永远只做自己喜欢做的事情。

世界上总有一些女人，她们整天幻想自己还是孩子，快言快语，有什么说什么，从来没有什么忌讳，总把情绪化说成是率直。

那么，让我们看看现实吧：一个常常把率直挂在脸上的人，会让人一眼望穿。若是你不会控制自己的情绪，不改变直白的说话方式，最后只能导致人人避之不及，因为大多数人都更爱听委婉含蓄的话。

俞妙晴个性开朗，乐于助人，很能活跃办公室的气氛，同事们都说她是公司里的好老人，亲切叫她俞姐。可是俞妙晴有一个缺点，就是刀子嘴豆腐心。同事们偶尔提过几次，可是她虽然当时答应改了，不过几天就忘记了，该发脾气的时候还是毫无顾忌。

有一次俞妙晴在保龄球馆和办公室的同事打球，由于对方是初学者，球艺不行，乐于助人的她看在眼里，急在心里，热心地当起对方的教练，手把手地教对方打球。

虽然俞妙晴好心当教练，但是她在打球的过程中，一会儿说人家打球"真臭"，一会儿说"你这人看起来挺精明的，怎么打球这么笨。脑子是不是进水了"，气得同事不客气地说："俞姐，你说话可不可以含蓄点啊？"

"什么含蓄，你笨就笨嘛，还不让人说，真是的。"

同事听到此话，气得转身就走。再见面时，两个人对此事还是耿耿于怀的。

不会说话的女人，说话随意任性，从来不会设身处地地为他人着想，考虑对方的感受，也从来不考虑说出的话会导致什么后果。所以，性格率直的女人，常常弄不明白，为什么自己明明说的都是一些"情真意切的言语"，却会给自己惹尽麻烦。

语言是一种艺术，你可以让它温暖人心，也可以让它成为口诛笔伐的利器。俗话说："良言一句三冬暖，恶语伤人六月寒。"说话含蓄的女人会让他人对她心生好感，而直言直语的女人则会让他人对她痛恨不已，心生报复。

女人，你是一个快言快语的人吗？如果是，就学得圆滑一点吧，少直言指陈他人处事的不当，少纠正他人性格上的弱点。人际交往中，不讲究"爱之深，责之切"，你的冷言冷语，在对方看来，分明是刁难。

二十出头的任悦贞，刚刚大学毕业，现在被一家大型设计公司的策划部试用。作为学校优秀毕业生的任悦贞才气逼人，锋芒毕露，同事们都暗暗议论：这小丫头片子也太年轻气盛了，从不会掩饰自己的脸色，从来不给人台阶下，这还了得。

上周，任悦贞刚刚完成一个方案，在公司的例会上，她第一次站在演示台边，将自己的思路展示给大家。才将方案讲了一半，下面就传来了咯咯的笑声，原来是两个比任悦贞早来半年的女孩在看手机彩信时

被彩信上的笑话逗笑了，这可触怒了任悦贞。

于是任悦贞停止了讲解，眼睛直勾勾地盯着那两个不尊重别人劳动成果的同事，其他同事开始还以为任悦贞忘词了，但是片刻之后，明显感觉到了气氛不对。

只见任悦贞走到两个女孩旁边，将整本方案摔在她们面前，气呼呼地说："太过分了，你们不懂得尊重别人吗？"随后，头也不回地冲出了会议室，留下一屋子目瞪口呆的领导。

那以后，领教过厉害的同事都对任悦贞敬而远之，上司也几乎不找她研究策划方案的细节。任悦贞成了公司里的"独行侠"，内心混乱的情绪使她根本不能专心工作。试用期还没结束，她便主动提出了辞职。

有时候，率真会毁了你和同事间的关系，毁了你的前程，有时候，率真还会毁了你幸福的一生。女人，如果你幼稚地随意发泄自己的情绪，只会给人一种不成熟，不能委以重任，或者还没长大的印象。冲动是魔鬼，所以，女人们醒醒吧，你已经不再是一个没有克制力的小孩子了，已经过了想什么就说什么的年龄！谨记，凡事三思而后行，不要逞一时的口舌之快做出傻事。

女人们，千万不要让率真的藤蔓，侵占自己的人生，也别让自己的脸上写满率直。学会控制自己，学会摈弃快言快语，学会换位思考为他人考虑，才能让成功离你越来越近，才能获得幸福快乐的人生。

2.不要让别人丢面子

俗话说，树活一张皮，人活一张脸。面子在中国具有很重要的意义，它代表着一种荣耀，关系到一个人的尊严，所以人人喜欢争面子，若是争不到面子至少要保住面子，保不住面子就是丢脸，这是件非常严重的事情，简直可以与尊严被践踏相媲美。

可是，有些女人容易激动，情绪容易失控，哪里有不顺心，谁要是犯个错，便会在众目睽睽之下对其横加指责，破口大骂，不留情面，让对方的自尊心受到极大的伤害。女人你要明白，在交际中，最大的忌讳便是伤面子，所以伤什么，你也别伤了别人的面子。

人人都有自尊心和虚荣感，想要与人融洽和谐地相处，就要学会尊重别人，保全他人的虚荣感。所以，为别人保住面子，是人际交往的底线。即使别人犯了错，你也千万不能犯让别人丢面子的错误。

大家都说迟汐巩这个女人没有事业线。她在一家大型企业上班，已经勤勤恳恳工作了十几年，与她同时上岗的同事都升迁跳级了，她还在原来的岗位上默默奉献着，完全没有晋升的迹象，连朋友都为她着急。

透过朋友的牵线搭桥，迟汐巩大包小包地去拜访了一位专管人事的领导。在与领导谈话的过程中，迟汐巩委婉地表达了自己想要调到别的部门的希望。她知道那个部门正好有一个空缺，而自己无论是资历还是工作经验，都十分符合入职标准。

听了迟汐巩的话后，那位领导表现得非常热络和自信，并且当面应允了她的请求。领导拍着胸脯说："包在我身上，没问题！"

离开领导的家后，迟汐巩高高兴兴地在家等消息，谁知两个月过去了，调动的事情还一点消息也没有。迟汐巩打电话过去，对方不是不接听就是正在开会。于是耐不住性子的迟汐巩去问朋友，朋友告诉迟汐巩，那个位置已经有人捷足先登了。

有一天，迟汐巩看见那位专管人事的领导和几个同事有说有笑地从食堂出来，便捺不住心中的气愤快跑过去，激动地质问领导："明明说好的，要调我去采购部门，现在怎么反悔了？"

说完之后，领导的脸一阵白一阵青，同事们都识趣地走开了，迟汐玑这才反应过来，自己太过分了，这样做太伤领导的面子了。现在的迟汐玑不但不思量调部门的机会，还整天祈祷上天保佑领导大人有大量，不要给自己穿小鞋。

女人们要记住，在使性子之前，要先动动脑子，说出去的话就像泼出去的水，永远都收不回来，你要想清楚自己说的话会对造成怎么样的后果？你不妨设身处地，将心比心，想一想将要说的这些话自己是否愿意从他人口中听到？你若是一味地任性撒泼，大发脾气，只会伤了别人的面子，把彼此间的关系搞僵，甚至让对方和你撕破脸皮，反目成仇。

冼淑双不禁和朋友感叹："管理人真的需要学学管理学，因为人的心理是很难捉摸的，你若批评不当，说话方式不合适，不仅会引起公愤，还会影响工作效率。"

冼淑双是一家建筑工程公司的安全协调员，工作任务是每天在工地上转悠，提醒那些忘记戴安全帽的工人们，注意安全。冼淑双说："管自己的一个男人都嫌难，更何况管公司里一群男人？"

开始的时候，冼淑双表现得非常负责，每次碰到没戴安全帽的人，都会大声批评，如果对方一脸的不高兴，她还会苦口婆心地劝说："我这还不是为你好，对你负责，对你的家人负责？"

可是工人们表面虽然接受了她的训导，却常有满肚子不愉快，会在冼淑双离开后就将安全帽摘下来。一位领导看到这种情况，就偷偷建议冼淑双：换个方式去劝说，让工人们去接受自己的批评。

后来，当冼淑双发现有人不戴安全帽时，不再像从前一样立刻指责他们，而是问道："是不是帽子戴起来不舒服？"或者说，"戴上帽子有什么不适合的地方么？"她还允诺，要是帽子戴起来真的不舒服的话，自己建议领导重新购买一批。

之后冼淑双会以令人愉快的声调提醒他们:“各位大哥，戴安全帽的目的是为了让自己不受伤害,我们工作时一定要戴安全帽。你们看，我戴上帽子是不是挺俊？”

如此一来,遵守规定戴安全帽的人愈来愈多,工人们听到劝告后不再像以前那样会出现怨恨或者不满的情绪了。

李嘉诚说:“千万不要去伤害别人的面子和尊严。”你敬我一尺,我敬你一丈,是人际交往中的相处之道。人人都有自尊心和虚荣感,老板需要面子,员工也需要面子,这与一个人的身份地位毫无关系。你只有怀有一份对他人的理解和宽容,才能与对方相互尊重,和平共处。

即使对方真的有所失误,你也要给对方铺台阶,保全对方的面子,例如,当对方做错了某件事,你可以这样说:“我完全理解你当初为什么这么做,因为谁也不知道后来会发生这些事”,还可以说“在这种情况下,任何人都会这样做的”,甚至可以说“最初,我也是这样想的,但后来当我了解了全部情况,我才知道自己错了”,你还可以安慰说“谁没犯过错呢,别再自责了”……

人非圣贤孰能无过？谁都可能马失前蹄,谁都可能一招不慎,谁都有犯错的时候。女人们要想在人际交往中,左右逢源,就必须重视“面子工程”,必须帮别人保全面子。即使对方犯了错误,你也要尽量给对方留些情面,不说绝对话,给别人一个台阶下。

3.与好朋友开玩笑也要有分寸,别伤了彼此的感情

开玩笑是幽默的一种,在与朋友相处的时候,开玩笑是再正常不过

的事了。女人若把这种幽默感，拿捏好了，不仅能巧解尴尬，还能化干戈为玉帛，体现自己宽广的心胸和敏捷的才智。

不过，任何事情都讲究个度，有些女人天生富有喜感，常常开起玩笑来就完没了，没轻没重，甚至把欢乐建立在别人的痛苦之上，这虽然博得一部分人的欢心，却会令当事人尴尬不堪，下不了台，所以过分的玩笑还是不开为妙。对好朋友开玩笑也要有分寸，千万别因为玩笑伤了彼此的感情。

梁含凌和秋雁在同一个办公室里工作，几次工作上的合作让她们一度成为了无话不谈的好朋友。

同事们都感叹这是一对互补的好搭档，秋雁生性腼腆，与陌生人说话的时候常常结巴，要是碰上在开会发言，更是说不出一句完整的话。而梁含凌生性活泼好动，平时会在严肃而沉闷的办公室里，开开玩笑，说说笑话，讲几个段子，使大家紧张之余会心一笑，让办公室的氛围变得轻松异常。

有一次，吃过中饭以后，大家都闲着无聊，办公室搞笑女王又出马了。梁含凌当着同事们的面，模仿秋雁上星期开会时结巴的样子，同事们被她逗得前仰后合。

虽然当时秋雁没有表现出不悦的神色，但是梁含凌却发现，自那次之后，秋雁开始有意地疏远自己，即使在工作上也尽量避免和自己多说话。梁含凌每次当面寻问秋雁的时候，秋寒也是一如既往地沉默，什么也不说。

后来梁含凌听其他同事说，秋雁可能是因为她开玩笑太过火而不高兴了。

开开玩笑，幽默一把，的确有利于缓解沉闷的气氛，但是女人们应该知道，对好朋友开玩笑，要有最起码的尊重。捉弄人的嘲笑，不是开玩笑，所以不要拿朋友的缺点开玩笑，即使你们的关系非常好。

在开玩笑的时候，你可能预料不到，随随便便的一个笑话，会触动他人内心的不快，带给当事人不小的打击和痛苦。因此，你在与朋友开玩笑的时候，一定要开得恰到好处，一定要三思而言，分人、分时、分场合、分内容，让每一个人听后都感觉舒心。

又到了同学聚会的时候，昔日的同学们都精心打扮了一番，兴致勃勃地去参加聚会了。好几年不见，是曾经的好姐妹们，都有说不完的话。

那天，王丽纹穿了一件漂亮富贵的皮草大衣，同学们都夸赞她的新衣服很合体、很漂亮，简直是量身定做的。更有人问是在哪里买的，自己过几天也想去买一件呢。

这时，心直口快又喜欢调侃的顾清韵说："王丽纹，你中学时成绩又好，现在工作也好，今天再穿上这身漂亮的新衣服，更成了我们05届的宝贝疙瘩，何况你还姓王，以后我们就叫你宝贝疙瘩王吧！"

一句话让在场的同学们都笑翻了，可王丽纹却火冒三丈，气得脸一阵红一阵白。她狠狠地瞪了顾清韵一眼，转过身一个人去上厕所了。

此时大家才明白过来，王丽纹从中学起就长了满脸青春痘，到现在还没有退下来，所以每当有人提及这个问题，王丽纹都深以为恨。此时被顾清韵嘲笑一番的王丽纹，怎么会不生气？

爱开玩笑的女人要注意，幽默要适度，否则会适得其反。你以为自己开的玩笑无伤大雅，但或许会正好说中别人的痛处，若你的朋友还是一个性格敏感的人，开玩笑就得更加小心了，为一句玩笑话失去一个朋友，实在划不来。幽默聪明的女人知道如何掌握恰如其分的界限，避免对方误入禁区。下面提几个开玩笑的注意事项，请爱开玩笑的女人"小心行驶，注意避让"。

第一，不要不分场合开玩笑，如果场合不对，你所开的玩笑只会引

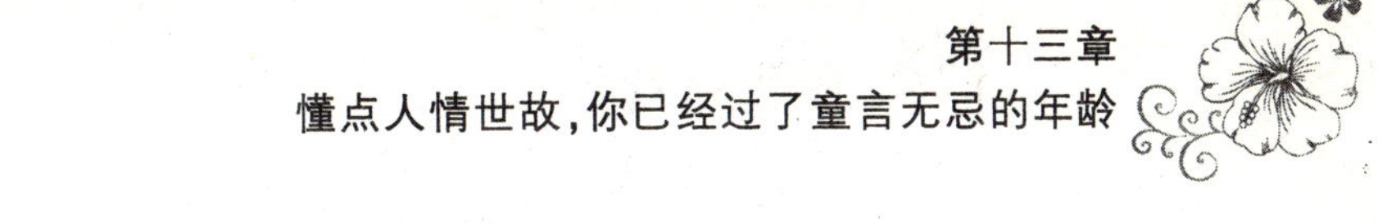

起别人的反感。比如，在一个严肃的会议上，你大开玩笑，就不会讨好。

第二，不拿民族习惯、风俗信仰开玩笑。

第三，不玩讽刺性的幽默。这只会造成朋友之间的疏远，并且会冒犯到对方。

第四，开玩笑不玩恶作剧。恶作剧会导致意外，所以并不是每个人都愿意接受。

第五，千万不要挖苦朋友的容貌。若对方是女性，你津津乐道的玩笑，只会使对方感到厌恶，对方甚至会因此对你的人格抱有怀疑。

第六，不可用玩笑来蔑视别人的职业。朋友之间开的玩笑，不应含有蔑视别人职业的成分存在。例如，你在一个推销员前面开一个推销员的玩笑，就不合适了。

第七，要掌握对方的心情。正常情况下，你怎么说都无所谓，但是，如果在好朋友失恋时，你却不识趣地开恋爱的玩笑，只会伤了你们之间的和气。

4.没人喜欢被你指责，就算你是好意

"你怎么总是丢三落四？"

"你怎么又迟到了，谁有你这样的工作态度？"

"这么简单的报表你都做不好，真是枉我这么提拔你！"

"你能不能吃一堑长一智，这样的错误你已经犯第三遍了！"

"虽然我们是好姐妹，亲密无间，但你不能这么对我，我真是后悔当初那样竭尽全力地帮你。"

不论是在工作中，在家庭生活中，还是在与朋友相处的过程中，很

多女人都好为人师,喜欢谆谆教导。当别人犯了小错误,她们喜欢直接指出对方的缺点和不足,甚至会当众对他人横眉怒对,让对方十分难堪。

然而,在狂风暴雨般的指责之后,你可能沮丧地发现,自己善意的指责,并没有得到对方的理解,更别提被他接受,有时对方不仅没有知错就改,反而执意一错再错。于是你很纳闷,为什么对方会是这样的反应?自己明明是好意,为什么对方不领情?你要明白,每个人都不会喜欢被人指责,即便你是好意。

陆梦珠和蒋怡波是高中时就结识的好朋友。刚过完年,高中的班长就组织了同学聚会,她们俩相约去参加聚会。

去的时候,因为前面路上出了一起交通事故导致交通堵塞,于是陆梦珠迟到了整整一个小时。结果她一进门,蒋怡波就开始数论她:“让你早点走,你不走,现在迟到了吧!你看看,大家都等了你好久了。”陆梦珠知道自己耽误了大家的时间,于是红着脸对大家连声说“对不住”。

吃饭的时候,陆梦珠发现高中时的一对模范恋人没有坐在一起,于是好奇地问了一下,结果对方说彼此已经分手了。

陆梦珠一直是这么一个鲁莽的人,看见对方沉默,她才知道自己问了不该问的,不禁吐了吐舌头。这时蒋怡波却又就开始说陆梦珠了:“你真笨啊,没看他俩气氛不对吗,本来人家就不开心,现在你这一说,把人家说得躲到洗手间去哭了,这样你高兴了?”

对于蒋怡波反复的指责,陆梦珠很想发火,但是,为了照顾大家的情绪,她忍下来了。之后,蒋怡波很奇怪,陆梦珠很少和自己联系了,有时候自己找她去逛街,她总是委婉地推脱。自己究竟在什么时候得罪这丫头,让她说绝交就绝交?蒋怡波很是不解。

对每一个人来说,最难堪的莫过于在大庭广众之下,受到指责,因

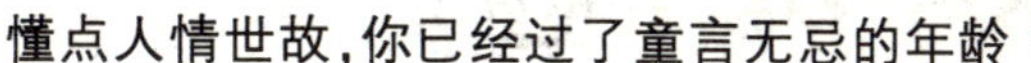

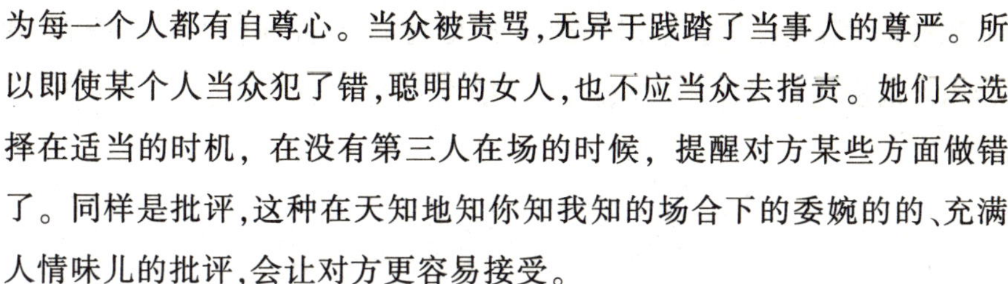

为每一个人都有自尊心。当众被责骂，无异于践踏了当事人的尊严。所以即使某个人当众犯了错，聪明的女人，也不应当众去指责。她们会选择在适当的时机，在没有第三人在场的时候，提醒对方某些方面做错了。同样是批评，这种在天知地知你知我知的场合下的委婉的的、充满人情味儿的批评，会让对方更容易接受。

如果我们不分场合地指责对方，将事情扩大，只会为你们之间的关系蒙上阴影。当众指责后，对方不但不能认识到自己的错误，还会因为你的不合时宜的指责，而对你进行反击，来维护自己的自尊。

珍珍是一家商场的服务员。有一天商场里的儿童玩具搞促销活动，柜台前挤满了带小孩的顾客。这时一个小孩子伸手抓起一件玩具就跑。不一会儿，抱着玩具的小孩就被有关人员带了回来。这件事吸引了很多围观的顾客，他们既为小孩担心，又想看看服务员到底怎么处理这件事。

小孩拿了商场的东西，多半是因为不懂事。遇到这种情况如果话说重了，小孩子自然是受不了的，周围的人也可能会打抱不平。如果不说，商场有明文规定，让小孩子养成这样的习惯也不好。

面对这个难题，珍珍思考片刻，面带微笑地走到小孩身边，拉起小孩子的手温和地说："小朋友，你是不是很喜欢这件玩具呀？""喜欢。"小孩怯怯地答道。"那小朋友自己拿着玩具跑好不好？""不好。"这时候小孩不好意思地低下头。"这就对了，以后你要是喜欢什么玩具就告诉阿姨，阿姨帮你拿，好吗？""好。"小孩子高兴地回答，并把怀里的玩具交给了珍珍。

珍珍亲切委婉的话让她既拿回了丢失的商品，又维护了小孩的自尊心，还不失时机地对孩子进行了教育，赢得了周围顾客的好评。

不要在人前不顾一切的指责别人，即便你是出于好心。学会用温婉平和的语气说话，学会不当众指责他人，学会为批评包上一层糖衣，学会用诙谐表达自己的不满，会让你在人际交往中更受欢迎。

5.是非话，千万不能随便说

八卦是女人的天性，几个女人坐在一起聊天，最常做的便是拉拉家常唠唠嗑，东家长西家短，说得津津有味不亦说乎。世上没有不透风的墙，你若在背后说了人家的好话，人家会对你抱有好感；但如果你总是道些来路不明的小道消息，说些损人的话，传播些流言蜚语，被当事人听到后只会让自己的形象大打折扣。

所以，女人在八卦的时候，一定要留个心眼，搬弄是非的话不能说。你在背后说的这些话，若是被别有用心的小人听到，并加以利用，后果将不堪设想。

人生得一而知己足矣。欧冰冰和陶乐是大学同学，也是好朋友，她们经常一块吃饭、一块上课、一块逛街、甚至会睡在寝室的一张床上，无话不谈。很多人都很羡慕她们的友谊。

毕业后，两人又进了同一家公司工作，陶乐工作很努力，但总是找不到状态，欧冰冰恰恰相反，她整天悠哉游哉，工作却做得很出色。为了帮助陶乐，欧冰冰经常在下了班以后留在公司帮陶乐完成当天来不及完成的任务。

有一天，欧冰冰在同事面前无意说道："陶乐和她妈妈一点都不像，她妈妈又有文采又能干，是个女强人，我都佩服她，二十几岁就自己开了一家公司。阿姨总想锻炼陶乐，让她在外面打拼。可是陶乐工作这么

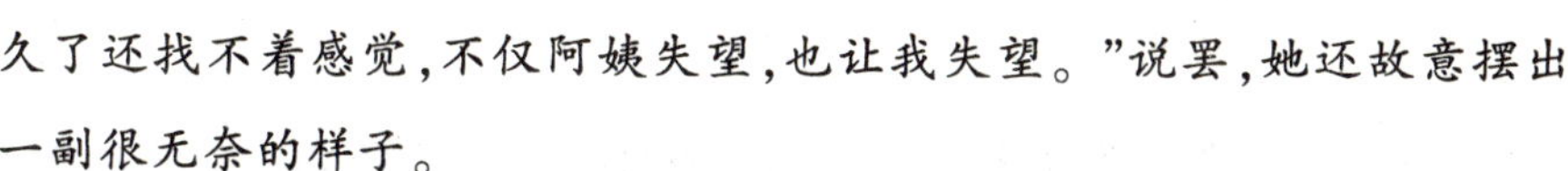

久了还找不着感觉，不仅阿姨失望，也让我失望。”说罢，她还故意摆出一副很无奈的样子。

欧冰冰认为，自己和陶乐那么要好，就算当面这么说陶乐，陶乐也会无所谓，更何况自己是把陶乐当自己人，才这么说的。

但是后来的一段时间，欧冰冰总感觉陶乐在故意疏远自己。

所以，对于是非话，我们能不说就不要去说，免得落个搬起石头砸自己的脚的后果。一个会说话的女人，不管是和朋友聊天，还是和同事讨论，说的每句话都应经过反复思考，仔细斟酌，不要贸然对他人进行评价。

都说三个女人一台戏，宋小乔、杜婉儿、思思要是凑到一起，就有说不完的话题，聊上三天三夜也不累。她们是高中时候的好朋友，现在她们经常聚到一起瞎聊瞎侃、逛街买衣服、K歌，打发无聊的或者郁闷的时光。

有一次，思思身体不舒服，所以只有宋小乔和杜婉儿一起逛街买衣服。其实她们俩个原来并不怎么熟悉，也不是同班同学，是因为思思才玩在一起的。因为思思是她们共同的朋友，所以在逛街时，两人便无意识地聊起了思思。她们从她的家庭，性格，到爱情婚姻，评价了一个遍。

过了一段时间，宋小乔开始觉得思思说话喜欢针对自己，无论自己说什么话，思思都会用尖酸刻薄的方式反击。如今，思思逛街唱歌的时候，只会和杜婉儿一起去，而不叫上自己。

终于，宋小乔憋不住了，跑去问思思为什么突然这么对她，思思说：“我对你挺好的啊，我这么疏离你，总好过你把我的家底都抖搂出来好。”

宋小乔这才明白，是自己和杜婉儿的聊天，让思思对自己产生这么大的敌意。

有时候，我们会犯这样的错误：以为自己和对方很熟，以为彼此是十几年的好朋友、好姐妹、好同事，就口无遮拦，像谈论自己一样去谈论与对方的人。到最后我们往往会发现，原来自己与对方的关系并没有铁成那样，对方会因为自己在背后说的话，而渐渐疏远自己。最终你失去了友谊，失去了朋友，失去了同事，甚至爱情也会告急。

在背后说人好话，人家爱听，说人坏话，人家恨你。女人，千万不要因为一时的口舌之快，让自己落得一个“长舌妇”的罪名。